AF893299

Die Sammlung

„Aus Natur und Geisteswelt"

nunmehr über 800 Bände umfassend, bietet wirkliche „Einführungen" in die Hauptwissensgebiete für den Unterricht oder Selbstunterricht des Laien nach den heutigen methodischen Anforderungen, seit ihrem Entstehen (1898) den Gedanken dienend, auf denen die heute so mächtig entwickelte Volkshochschulbewegung beruht. Sie will jedem geistig Mündigen die Möglichkeit schaffen, sich ohne besondere Vorkenntnisse an sicherster Quelle, wie sie die Darstellung durch berufene Vertreter der Wissenschaft bietet, über jedes Gebiet der Wissenschaft, Kunst und Technik zu unterrichten. Sie will ihn dabei zugleich unmittelbar im Beruf fördern, den Gesichtskreis erweiternd, die Einsicht in die Bedingungen der Berufsarbeit vertiefend. Diesem Bedürfnis können Skizzen im Charakter von „Auszügen" aus großen Lehrbüchern nie entsprechen, denn solche setzen eine Vertrautheit mit dem Stoffe schon voraus.

Die Sammlung bietet aber auch dem Fachmann eine rasche zuverlässige Übersicht über die sich heute von Tag zu Tag weitenden Gebiete des geistigen Lebens in weitestem Umfang und vermag so vor allem auch dem immer stärker werdenden Bedürfnis des Forschers zu dienen, sich auf den Nachbargebieten auf dem laufenden zu erhalten.

In den Dienst dieser Aufgabe haben sich darum auch in dankenswerter Weise von Anfang an die besten Namen gestellt, gern die Gelegenheit benutzend, sich an weiteste Kreise zu wenden.

So konnte der Sammlung auch der Erfolg nicht fehlen. Mehr als die Hälfte der Bände liegen, bei jeder Auflage durchaus neu bearbeitet, bereits in 2. bis 9. Auflage vor, insgesamt hat die Sammlung bis jetzt eine Verbreitung von fast 5 Millionen Exemplaren gefunden.

Alles in allem sind die schmucken, gebaltvollen Bände besonders geeignet, die Freude am Buche zu wecken und daran zu gewöhnen, einen Betrag, den man für Erfüllung körperlicher Bedürfnisse nicht anzusehen pflegt, auch für die Befriedigung geistiger anzuwenden.

Wenn eine Verteuerung der Sammlung infolge der durch die wirtschaftliche Lage bedingten außerordentlichen Steigerung der Herstellungskosten auch unvermeidbar gewesen ist, so ist der Preis doch entfernt nicht in dem gleichen Verhältnis gestiegen, und auch jetzt ist ein Band „Aus Natur und Geisteswelt" im Verhältnis zu anderen Büchern und insbesondere zu der Verteuerung im allgemeinen wohlfeil.

<u>Jeder der meist reich illustrierten Bände</u>

<u>ist in sich abgeschlossen und einzeln käuflich</u>

Leipzig, im Januar 1923. **B. G. Teubner**

Ein vollständiges, nach Wissensgebieten geordnetes Verzeichnis versendet auf Wunsch der Verlag, Leipzig, Poststr. 3/5

Bisher sind **zur Philosophie und Psychologie** erschienen:

Zur Einführung

Einführung in die Philosophie. Von Professor Dr. R. Richter. 5. Auflage von Dr. M. Brahn. (Bd. 155.)

Die Philosophie. Ihr Wesen, ihre Grundprobleme, ihre Literatur. Von Oberstudiendirektor H. Richert. 3., verb. Aufl. (Bd. 186.)

Phil. Wörterbuch. Von Studienrat Dr. P. Thormeyer. 3. Aufl. (Teub. kl. Fachwörterb. Bd. 4.) M. 2.50 (Teuerungsziffer Jan. 23 : 600.)

Logik und Psychologie

Grundriß der Logik. Von Dr. K. J. Grau. 2. Aufl. (Bd. 637.)

Einf. i. d. Psychologie. V. Prof. Dr. E. v. Aster. 2. A. M. 4 Fig. (492.)

Einführung in die experimentelle Psychologie. Von Prof. Dr. N. Braunshausen. 2. Aufl. Mit 17 Abb. im Text. (Bd. 484.)

D. Seele d. Menschen. V. Geh. Rat Prof. Dr. J. Rehmke. 5. A. (36.)

Die Mechanik des Geisteslebens. Von Geh. Med.-Rat Prof. Dr. M. Verworn. 4. Aufl. Mit 19 Abb. i. T. (Bd. 200.)

Die Sinne des Menschen, Sinnesorgane u. Sinnesempfind. Von Hofr. Prof. Dr. J. K. Kreibig. 3. Aufl. Mit 30 Abb. (Bd. 27.)

Psychologie des Kindes. Von Professor Dr. R. Gaupp. 4. Auflage. Mit 17 Abbildungen. (Bd. 213.)

Geist. Veranlag. u. Vererbung. V. Dr. G. Sommer. 2. A. (512.)

Leib und Seele in ihrem Verhältnis zueinander. Von Dr. med. et phil. G. Sommer. (Bd. 702.)

D. krankhaften Erscheinungen d. Seelenlebens. Allg. Psychopathologie. Von Privatdoz. Dr. phil. et med. E. Stern. (Bd. 764.)

Die geistigen Krankheitszustände des Kindesalters. Von Dir. Dr. O. Mönkemöller. (Bd. 505.)

Angewandte Psychologie. Methoden und Ergebnisse. Von Privatdozent Dr. phil et med. E. Stern. (Bd. 771.)

Tierpsychologie. Eine Einführung in die vergleichende Psychologie. Von Prof. Dr. K. Lutz. Mit 29 Abb. (Bd. 826.)

Die Handschriftenbeurteilung. Eine Einführg. i. d. Psycholog. d. Handschrift. Von Prof. Dr. G. Schneidemühl. 3., durchges. u. erw. Aufl. Mit 47 Handschriftennachbild. i. T. u. auf 1 Tafel. (Bd. 514.)

Hypnotismus u. Suggestion. V. Dr. E. Trömner. 4. Afl. (199.)

Die Psychologie d. Verbrechers. Kriminalpsychol. Von Strafanstaltsdir. Dr. med. P. Pollitz. 2. Aufl. Mit 5 Diagr. (Bd. 248.)

Psychologisches Wörterbuch. V. Dr. F. Giese. 60 Fig. (Teubn. kl. Fachwörterb., Bd. 7.) Geb. M. 2.50 (Teuerungsziffer Jan. 23 : 600.)

Ethik

Grundzüge der Ethik. Mit besonderer Berücksichtigung der pädagogischen Probleme. Von E. Wentscher. 2. Aufl. (Bd. 397.)

Aufgaben und Ziele des Menschenlebens. Von Prof. Dr. J. Unold. 5., verb. Auflage. (Bd. 12.)

Sittl. Lebensanschauung. d. Gegenwart. Von Geh. Kirchenr. Prof. D. O. Kirn. 3. Aufl., durchges. v. Prof. D. Dr. H. Stephan. (Bd. 177.)

Das Problem der Willensfreiheit. Volkshochschulvorträge. Von Professor Dr. G. F. Lipps. 2., veränd. Aufl. (Bd. 383.)

Sexualethik. Von Prof. Dr. H. E. Timerding. (Bd. 592.)

Ästhetik

Ästhetik. Von Prof. Dr. R. Hamann. 2. Aufl. (Bd. 345.)

Poetik. V. Dr. R. Müller-Freienfels. 2., erw. Aufl. (Bd. 460.)

ANG 2: Philosophie. I. 23.

Religionsphilosophie

Einführung in die Religionsphilosophie. Von Konsistorialrat Lic. Dr. P. Kalweit. 2. Aufl. (Bd. 225.)

Das Leben nach dem Tode im Glauben der Menschheit. Von Prof. Dr. C. Clemen. (Bd. 544.)

Glauben und Wissen. Von Privatdoz. Lic. W. Bruhn. (Bd. 730.)

Religion und Naturwissenschaft in Kampf und Frieden. Von Pfarrer Dr. A. Pfannkuche. 2. Aufl. (Bd. 141.)

Naturphilosophie

Naturphilosophie. V. Prof. Dr. J. M. Verweyen. 2. A. (Bd. 491.)

Entstehung der Welt u. der Erde nach Sage u. Wissenschaft. Von Geh. Reg.-Rat Prof. Dr. M. B. Weinstein. 3. Aufl. (223.)

Weltuntergang in Sage und Wissenschaft. Von Prof. Dr. K. Ziegler und Prof. Dr. S. Oppenheim. (Bd. 720.)

Sternglaube und Sterndeutung. Die Geschichte u. d. Wesen der Astrologie. Unt. Mitwirk. v. Geh. Rat Prof. Dr. K. Bezold dargest. v. Geh. Hofr. Prof. Dr. Fr. Boll. 2. Afl. M. 1 Sternkarte u. 20 Abb. (638.)

Geschichte der Philosophie

Führende Denker. Geschichtliche Einleitung in die Philosophie. Von Prof. Dr. J. Cohn. 4., durchges. Aufl. Mit 6 Bildn. (Bd. 176.)

Geschichte der Philosophie. In 7 Bänden. I. Griechische Philosophie von Thales bis Plato. Von Prof. Dr. E. Hoffmann. *II. 1. Antike Philosophie bis Poseidonios. Von Prof. Dr. E. Hoffmann. *II. 2. Hellenistisch-christliche Philosophie. Von Privatdoz. Dr. M. Heidegger. *III. Mittelalter u. Renaissance bis zur modernen Naturwissenschaft. Von Privatdoz. Dr M. Heidegger. *IV. Von Descartes bis Leibniz. Von Prof. Dr. Kroner. V. Das Jahrhundert der Aufklärung. (Vom engl. Empirismus bis Kant. Von Privatdoz. Dr. S. Marck. VI. Der deutsche Idealismus. (Nachkantische Philosophie, erste Hälfte.) Von Prof. Dr. J. Cohn. *VII. Der deutsche Idealismus. (Nachkantische Philosophie, zweite Hälfte.) (741/47.)

Die Freimaurerei. Von Geh. Rat Dr. L. Keller. 2. Aufl. von Geh. Archivrat Dr. G. Schuster. (Bd. 463.)

Philosophie d. Altertums

Griech. Weltanschauung. V. Prof. Dr. M. Wundt. 2. Aufl. (329.)

Neuere Philosophie

Die Weltanschauungen der großen Philosophen der Neuzeit. Von Professor Dr. L. Busse. 7. Auflage, herausgegeben von Geh. Hofrat Professor Dr. R. Falckenberg. (Bd. 56.)

Die großen englischen Philosophen Locke, Berkeley, Hume. Von Studienrat Dr. P. Thormeyer. (Bd. 481.)

Rousseau. Von Prof. Dr. P. Hensel. 3. Aufl. Mit Bildn. (180.)

Immanuel Kant. Darstellg. u. Würdigung. V. Geh. Hofrat Prof. Dr. O. Külpe. 5. Afl., hrsg. v. Prof. Dr. A. Messer. M. 1 Bildn. K. (146.)

Schopenhauer. Seine Persönlichkeit, seine Lehre, seine Bedeutung. Von Oberstudiendir. H. Richert. 4. Aufl. Mit 1 Bildnis. (Bd. 81.)

Johann Friedrich Herbarts Leben und Lehren. Von Schulrat Dr. Th. Fritzsch. (Bd. 164.)

Friedrich Nietzsche. Von Prof. Dr. F. Köhler. (Bd. 601.)

Neueste Philosophie

Die Philosophie der Gegenwart in Deutschland. Eine Charakteristik ihrer Hauptrichtungen. Von Geh. Hofrat Prof. Dr. O. Külpe. 7., verb. Aufl., hrsg. v. Prof. Dr. A. Messer. (Bd. 41.)

Okkultismus, Spiritismus u. unterbewußte Seelenzustände. Von Dr. R. Baerwald. (Bd. 560.)

Theosophie u. Anthroposophie. Von Privatdozent Studienrat Lic. W. Bruhn. (Bd. 775.)

Henri Bergson, der Philosoph moderner Religion. Von Pfarrer Dr. E. Ott. (Bd. 480.)

Die mit * bez. und weitere Bände befinden sich in Vorbereitung.

Aus Natur und Geisteswelt
Sammlung wissenschaftlich-gemeinverständlicher Darstellungen

540. Bändchen

Fortpflanzung und Geschlechtsunterschiede des Menschen

Eine Einführung in die Sexualbiologie

Von

Prof. Dr. H. Boruttau

Dritte verbesserte Auflage
11.—13. Tausend
Mit 39 Abbildungen im Text

Springer Fachmedien Wiesbaden GmbH 1923

ISBN 978-3-663-15424-2 ISBN 978-3-663-15995-7 (eBook)
DOI 10.1007/978-3-663-15995-7

Schutzformel für die Vereinigten Staaten von Amerika:
Copyright 1923 by Springer Fachmedien Wiesbaden

Ursprünglich erschienen bei B.G. Teubner in Leipzig 1923.

Softcover reprint of the hardcover 3rd edition 1923

Alle Rechte, einschließlich des Übersetzungsrechts, vorbehalten

Vorwort zur ersten Auflage.

Die Grundlage zu diesem Bändchen gab mir die Ausarbeitung einer vor Hörern aller Fakultäten gehaltenen Universitätsvorlesung, deren Zweck es war, rein wissenschaftlich, fern von den „Sensationen“ des Tages und ohne Parteinahme irgendwelcher Art einem weiteren Kreise die wesentlichen Errungenschaften der heutigen Forschung auf dem Gebiete der geschlechtlichen Zeugung vorab des Menschen vorzuführen. Ihren Brennpunkt bilden neben dem Vordringen in die Geheimnisse der Befruchtung die Fortschritte, die die Lehre von den chemischen Wechselbeziehungen der Organe oder der sogenannten inneren Absonderung in den letzten Jahren für das Verständnis der Geschlechtsunterschiede und ihrer Entstehung ermöglicht hat. In der nicht periodischen gemeinverständlichen Literatur sind diese Dinge meines Wissens bis jetzt noch nicht dargestellt worden. Ich würde mich freuen, wenn ich in diesen anspruchslosen Seiten nach ernster Bildung Strebende zu biologischem Weiterstreben und zu einer wissenschaftlichen Vertiefung in die Fachliteratur ermuntern sollte, wobei ich mir wohl bewußt bin, wie schwer es gerade auf sexualbiologisch-literarischem Gebiet ist, die Spreu von dem Weizen zu sondern. Möge dies Bändchen den Bildungsuchenden ein kleiner Wegweiser sein!

Berlin, im April 1916.

H. Boruttau.

Vorwort zur zweiten Auflage.

In der vorliegenden neuen Auflage sind eine Reihe von kleinen Fehlern ausgemerzt, nötige Erklärungen gegeben, die Schemata für die Entwicklung des Harn- und Geschlechtssystems durch größere und deutlichere Abbildungen ersetzt worden. Vor allem sind die Ergebnisse der fortgesetzten Forschungen Steinachs kurz nachgetragen worden. Möge das Bändchen weiterhin seinen Zweck erfüllen, eine sachliche und verständliche Einführung in die Sexualbiologie zu bilden, vor allem auch für die Lehrer höherer Schulen! Für Winke zu weiterer Verbesserung, wie sie ihm durch die Fachkritik und mündlich zuteil geworden sind, wird der Verfasser stets dankbar sein.

Berlin, im März 1918.

H. Boruttau.

Vorwort zur dritten Auflage.

Neben einigen kleinen Verbesserungen mußte der Schluß dem bedauernswerten Ausgange des Krieges entsprechend abgeändert werden. Außerdem wurde das Nötigste über die Steinachsche Verjüngung ausgeführt, die ja das Interesse weiter Kreise erreicht hat und, wie man sich auch zu ihr stellen mag, zu den interessantesten wissenschaftlichen Forschungsergebnissen der letzten Zeit gehört.

Berlin, im Dezember 1923.

H. Boruttau.

Inhaltsverzeichnis.

Erster Abschnitt.

Zellteilung und Fortpflanzung einzelliger Lebewesen. Mikrogameten und Makrogameten. Konjugation. Geschlechtliche Fortpflanzung. Keimzellen. Keimlager und Keimdrüsen. Wesentliche und außerwesentliche Geschlechtsmerkmale. Geschlechtliche Hilfsorgane.

Den ersten Anfang der Selbsterkenntnis des Menschen bildet vor allem die zusammenfassende Wahrnehmung aller der Erscheinungen, die uns sagen, daß außer uns selbst, der empfindenden, wahrnehmenden Person, Wesen in großer Zahl um uns vorhanden sind, die uns in bestimmter Hinsicht gleichen, — zu denen außer den Mitmenschen alle diejenigen Gebilde gehören, die wir als lebend bezeichnen und, obwohl eine scharfe Grenze sich kaum ziehen läßt, in die beiden Reiche der Tiere und der Pflanzen einreihen. Es kann hier nicht unsere Aufgabe sein, alle Kennzeichen des Lebens, wie sie im Laufe der Zeit aufgestellt worden sind, zu besprechen und einen Begriff des Lebens im Sinne der heutigen Wissenschaft aufstellen zu wollen, ein strenghin unmögliches Beginnen; jedenfalls sind alle lebenden Gebilde, von denen wir merken, daß sie „sich selbst erhalten", zum Teil sich „willkürlich bewegen" usw., Einzelwesen, „Individuen", deren „Lebensdauer" begrenzt ist, die aber dafür sorgen, daß ihresgleichen auf Erden stets vorhanden ist, daß für die sich in unbelebte, „anorganische" Masse auflösenden neue ihnen gleiche Einzelwesen eintreten.

Dieser Vorgang der „Fortpflanzung" — der Name rührt offensichtlich daher, daß man ihn in seinen Einzelheiten an höheren Pflanzen zuerst direkt hat beobachten können — ist nach allem, was wir wissen, auch der einzige Weg, wie heutzutage auf Erden lebende Wesen entstehen. Das Vorkommen einer Urzeugung erscheint durch die Arbeiten Schwanns, Pasteurs und der Bakteriologen definitiv widerlegt, nachdem eigentlich schon vor 250 Jahren Redi, später Lazzaro Spallanzani triftige Gegenbeweise erbracht hatten. Ob eine solche überhaupt möglich ist, und woher das Leben auf Erden seinen Ausgang genommen hat, ist mehr Gegenstand wissenschaftlicher Spekulation oder des Glaubens. Beweise dürften ebensowenig beizubringen sein für Okens Urschleim wie für die neuerdings von Männern wie Arrhenius ernsthaft verteidigte Theorie der „Panspermie", wonach lebende „Keime" mit Meteoren aus dem Weltenraume, in dem sie überall vorhanden seien, auf die Erde gelangt seien: sie ist ja doch kaum mehr als eine Verschiebung der Fragestellung.

Für den Vertreter der heutigen Naturwissenschaft, für den auch Ziel der Philosophie nur Erkenntnis auf naturwissenschaftlicher Grundlage sein kann, erscheinen bekanntlich das leibliche und das seelische nur als zwei Seiten, zwei Betrachtungsweisen der nämlichen Reihen, und so ergänzen sich Biologie und Psychologie, indem sie ihre Erscheinungswelten zu erklären suchen, im Sinne möglichst vollständiger Beschreibung der Vorgänge der lebendigen Körper im Sinne der Physik und Chemie einerseits, unserer Bewußtseinsvorgänge im Sinne aufmerksamer Selbstbeobachtung anderseits. Zu den Lebenserscheinungen im ersten Sinne gehören die Kreise des Stoffwechsels, des Kraftwechsels und des Formwechsels, und zu den letztgenannten rechnen wir die Vorgänge des individuellen Formwechsels, nämlich der Entwicklung, des Wachstums und des Todes auf der einen Seite, die Vorgänge der Fortpflanzung, die neue Einzelwesen an Stelle der ausscheidenden schafft, auf der anderen Seite.

Auch wir Menschen pflanzen uns natürlich fort, und mit diesem Vorgange ist seelisches Erleben derart innig verquickt, daß zu einer vollständigen Behandlung der „Sexualwissenschaft" ebenso gut wie das heute als Sexualbiologie bezeichnete Gebiet eine Sexualpsychologie gehört, nicht zu reden von der Bedeutung der menschlichen Fortpflanzung für die Gesellschaftswissenschaft, die Soziologie, welche vornehmlich berufen ist, oder es sein sollte, die Brücke zu schlagen zwischen den aus Ordnungsgründen heute immer noch leider zu getrennt stehenden „großen Inseln" der Geisteswissenschaften und der Naturwissenschaften. Die Fortpflanzung erfolgt sowohl im Pflanzenreich wie auch im Tierreich in verschiedener Weise, derart, daß man die geschlechtliche von der ungeschlechtlichen Fortpflanzung unterschieden hat.

Nur von der letzteren kann die Rede sein bei den niedersten Lebewesen beider Reiche, welche wir als Einzellige benennen, da jedes Einzelwesen nur aus einer einzigen Zelle besteht, d. h. einer elementaren Gruppierung lebender Substanz um ein als Zellkern bezeichnetes, mit dem Mechanismus wohl aller Lebenserscheinungen, ganz besonders aber demjenigen der Fortpflanzung innigst verknüpftes Gebilde. Der Name Zelle ist mit einer gewissen Berechtigung seinerzeit eingeführt worden bei der Pflanze durch Schleiden für Gebilde, die bei besonders bedeutenden Abmessungen, insbesondere gewisser Länge schon den ältesten Mikroskopikern aufgefallen waren, so z. B. von Malpighi als Schläuche bezeichnet worden waren. Eine Pflanzenzelle hat zum Schutze ihres Inhaltes, des „Protoplasmas" (Zelleibes) und Zellkernes, meist eine widerstandsfähige, deutlich sichtbare und chemisch nachweisbare Hülle aus „Zellstoff" (Holzstoff, Zellulose), die sie von den Nachbarzellen abtrennt, derart, daß der Vergleich mit den einzelnen Stübchen, den Zellen eines Klosters usw. einigermaßen zutraf. Die Bezeichnung Zelle ist dann auf die Einheiten oder der örtlichen Zentralisierungen der Lebensvorgänge beim Tier durch Th. Schwann übertragen worden, obwohl die tierischen Zellen nicht durch eigentliche „Zellmembranen" abgeschlossen, ja nicht einmal immer durch dichtere „Grenzschichten" ihres Protoplasmas" voneinander geschieden sind.[1])

Einzellige Organismen pflanzlicher Natur sind die Bakterien oder Spaltpilze, solche tierischer Natur mancherlei Protozoen oder Urtiere[2]), z. B. viele Repräsentanten der Klasse der sog. Infusorien oder Aufgußtierchen, so genannt, weil man sie seinerzeit in Aufgüssen von Heu, faulenden Substanzen usw. fand und hier durch Urzeugung entstanden glaubte.

Bei diesen ist die Fortpflanzung durch einfache Teilung sehr verbreitet; von der Spaltung in zwei gleiche Teilstücke haben die Spaltpilze geradezu ihren Namen erhalten. Aber auch bei einzelligen Organismen, bei denen wir mancherlei „Organe" der Zelle im mikroskopischen Bilde deutlich unterscheiden können, so bei Paramaecium Aurelia, einem schon in guter Lupenvergrößerung sichtbaren großen Infusorium mehrere Kerne, Vakuolen (der Ablagerung von Verdauungsprodukten o. ä. dienende Hohlräume) und vor allem den der Fortbewegung dienenden Saum von Flimmerhaaren, auch bei solchen erfolgt, wie bei dem einfachsten Repräsentanten einzelliger Protozoen, der Amöbe (Abb. 1), Teilung vermittels Durchschnürung des Zell-

1) Näheres siehe in Miehe, Allg. Biologie (ANuG Bd. 130), und Lampert, Die Welt der Organismen (ANuG Bd. 236).

2) Näheres siehe in folgenden Bändchen dieser Sammlung: Gutzeit, Die Bakterien (ANuG Bd. 233); Loehlein, Die krankheiterregenden Bakterien (ANuG Bd. 307), und Goldschmidt, Die Urtiere (ANuG Bd. 160).

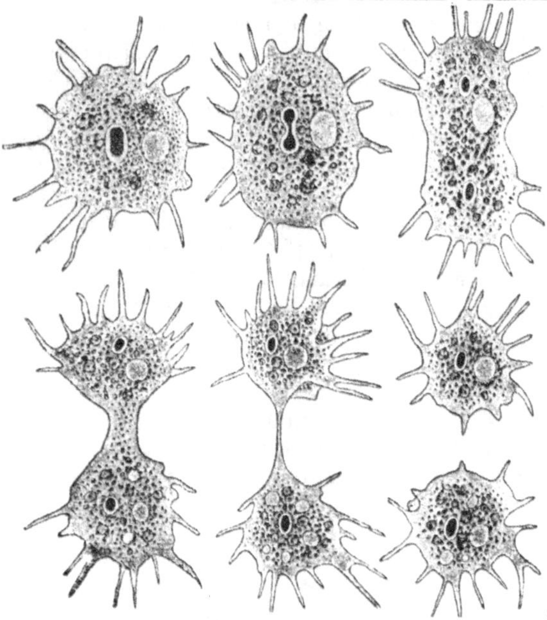

Abb. 1. Teilung einer Amöbe.

leibes nach vorangegangener Kernteilung (Abb. 2). Auch besonders geformte Protozoen, wie die glockenförmigen Polypen Stentor u. a., schnüren Teile ab, die, vielleicht zunächst etwas kleiner, ihnen bald gleichgroß und gleichgeformt werden.

Die Kernteilung geht der Zellteilung vorauf überall, wo Zellen sich durch Teilung vermehren, was die Grundlage des Wachstums und der Entwicklung der vielzelligen Organismen wie auch jeder Art von Fortpflanzung ist. Während man früher an eine einfache Spaltung des Zellkerns in zwei gleiche Hälften glaubte, und eine derartige „amitotische" Kernteilung auch jetzt noch dort angenommen wird, wo verwickeltere Vorgänge sich nicht mikroskopisch haben beobachten lassen, kennt man jetzt einen inneren Mechanismus der Kernteilung, der als Karyokinese (Flemming) oder Mitose bezeichnet wird, und dessen körperliche Grundlagen und aufeinanderfolgende Erscheinungsformen gerade für das Verständnis der Fortpflanzungsvorgänge und geschlechtsbiologischen Fragen von so grundlegender Bedeutung sind, daß hier mit einigen Worten auf sie eingegangen werden muß (Abb. 3).

Im Kern einer „ruhenden", nicht in Teilung begriffenen Zelle erkennt man einen oder mehrere sog. Kernkörperchen, bei deren Aufbau chemische Körper eine Rolle spielen, die sich mit bestimmten Farbstoffen, z. B. basischem Hämatoxylin, dunkel färben und in dünnen Schnitten, wie sie zur mikroskopischen Untersuchung hergestellt werden müssen, gegenüber den weniger oder mit andern Farbstoffen gefärbten übrigen Teilen des Kernes und des Zelleibes deutlich hervortreten. Deshalb hat man diese Substanzen, bei deren Aufbau die phosphor- und kohlenhydrathaltigen Nukleine eine Hauptrolle spielen, auch als Chromatinsubstanzen bezeichnet. Vielfach beobachtet man auch den Kern ausfüllende netz- oder gerüstartige Strukturen mit besonders tiefdunkeln, als Kernkörperchen erscheinenden Stellen. Schickt sich die Zelle zur mitotischen Teilung an, so wird aus diesem Bilde dasjenige eines zu einem den Kern ausfüllenden Knäuel verschlungenen dunklen Fadens (Chromatinfaden).

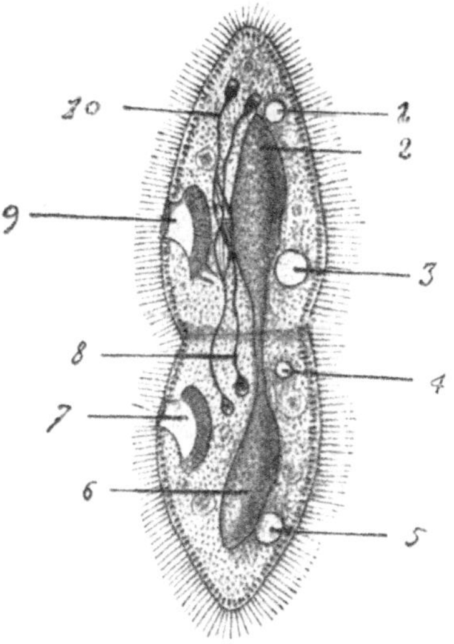

Abb. 2. Teilung von Paramaecium. 1, 3, 4, 5 pulsierende Vakuolen; 2, 6 Teilhälften des eingeschnürten Großkerns; 8, 10 desgl. der beiden Kleinkerne; 7, 9 die beiden geteilten Mundöffnungen.

Dieser zerfällt weiterhin in einzelne, mehr gerade oder schleifenartig gekrümmt herumliegende Teilstücke, die Chromosomen (Chromatinkörper). Inzwischen ist außerhalb des Kerns im Zelleib ein kleines, sich deutlich färbendes Körnchen erschienen, dem weiterhin eine außerordentlich wichtige Rolle zukommt, das Zentrosoma (Zentralkörper). Während der Kernknäuel in die Chromosomen zerfiel, teilte sich nun auch bereits das Zentrosoma in zwei gleichartige Gebilde, so daß jetzt zwei Zentrosomen vorhanden sind. Von ihnen gehen strahlenartig nach allen Richtungen Fäden aus von einer Substanz, welche sich mit den kernfärbenden Farbstoffen wenig färbt; jedes von beiden Zentrosomen bildet einen Strahlungsstern von achromatischer Substanz. Nun passiert etwas Eigenartiges: die den Zellkern gegen den umgebenden Zelleib abgrenzende Hülle verschwindet, und die Zentrosomen mit ihrer achromatischen Strahlung sehen wir zu den Chromosomen in Beziehung treten. Die Chromosomen erscheinen nicht mehr regellos, son-

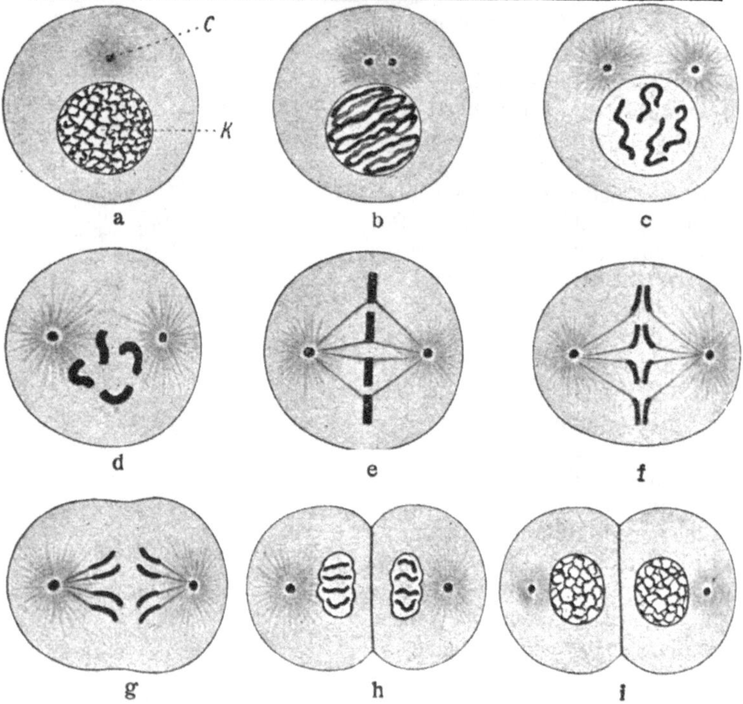

Abb. 3. Mitotische Teilung des Zellkerns. *K* Chromatingerüst; *C* Zentrosoma.

dern gleichlang, gleichdick und in einer Zahl, die für die betreffende Zellart und Tier- oder Pflanzenart ganz bestimmt ist, immer wiederkehrend dieselbe: 4, 8, 22, 26, 31, gerade oder ungerade, je nachdem. Diese Chromosomen scheinen nun „anzutreten" in ganz bestimmter Stellung, meist jede „Chromatinschleife" mit der Rundung nach der Zellmitte, mit den Enden nach dem „Zelläquator": so bilden sie einen vielstrahligen Stern in einer Ebene, welche die Zelle halbiert. Die Zentrosomen anderseits bilden die Enden einer Achse, welche auf jener Ebene senkrecht steht, also wenn wir, um im Bilde zu bleiben, der Zelle Äquator und Pole zuschreiben, von Pol zu Pol geht. Von ihnen laufen die Strahlen achromatischer Substanz nach den in

Sternform angeordneten Chromatinschleifen, so daß das zierliche Bild einer Spindel sich uns darstellt, der achromatischen Spindel, die durch den Chromosomenstern halbiert ist und die Zentrosomen an beiden Enden hat (Abb. 3e).

Die Chromosomen teilen sich nunmehr auch, jede Schleife in zwei gleichgelagerte, nur dünnere Schleifen, da ja jede nur halb soviel Substanz hat, wie diejenige, aus der sie hervorgegangen (Abb. 3f). Und nun ist es, als seien die Fäden der achromatischen Spindel aus elastischem Gummi und zögen sich zusammen: aus der Lage des äquatorialen Sterns heraus werden die Chromosomenhälften der einen Seite nach dem einen Pol, die der anderen Seite nach dem anderen Pol hin gezogen, nach dem Zentrosoma zu, von welchem die betreffenden Fäden achromatischer Substanz ausgehen (Abb. 3g). Sobald dies geschehen und zwischen die beiden Hälften von Chromosomenstoff, deren jede dieselbe Anzahl Schleifen oder Fadenstücke besitzt, wie ursprünglich vorhanden waren, Protoplasmamasse getreten ist, teilt sich auch diese, so daß zwei angrenzende „Tochterzellen" vorhanden sind. In jeder schließen sich die Chromosomen ihrerseits zum Fadenknäuel, der sich mit der „Kernmembran" umgibt und zum Chromatingerüst wird, während außerhalb ein Zentrosoma bleibt.

Wir werden später sehen, von welcher Wichtigkeit die mitotischen Vorgänge und ihre Grundstoffe bei der geschlechtlichen Fortpflanzung sind. Die durch Mitose sich vermehrenden Zellen etwa eines Epithels (Oberhäutchens einer Schleimhaut o. ä.) beim höheren Tier oder Menschen bleiben miteinander im Verbande, sie bilden ein „Gewebe", das das betreffende Organ oder einen Teil desselben kennzeichnet. Aber auch sich teilende Zellen strenggenommen einzelliger Pflanzen können zunächst im Zusammenhange bleiben: es findet Fortpflanzung durch Sprossung statt. So entstehen die Zellgemeinschaften bei Algen, Sproßpilzen, deren bekanntester Vertreter die Hefe ist (Abb. 4). Daß in der Garten- und Landwirtschaft vielzellige Pflanzen oft nicht durch Samen, sondern nur durch Stecklinge fortgezüchtet werden, ist bekannt. Es sei an die Erdbeeren, die Zweigwurzeln gewisser Sträuche und Bäume erinnert.

In allen diesen Fällen kann man mit mehr oder weniger Recht sagen: Was durch Teilung entsteht, ist dem sich Teilenden gleichwertig. Demgegenüber kann sich aber von ein- oder mehrzelligen Lebewesen etwas loslösen, was gewissermaßen weniger, einfacher ist als dessen

Zelle, was aber außerhalb der für diese notwendigen Lebensbedingungen forttransportiert werden, auch bei Abschluß des wichtigsten Grundstoffes für organisches Leben, der wässerigen Feuchtigkeit, trocken lange erhalten werden kann, ohne seine Fähigkeit zu verlieren, bei Eintritt in ein geeignetes Mittel auf Kosten der umgebenden Nahrungsstoffe zu einer spezifischen Zelle, respektive durch Teilung solcher einem mehrzelligen Organismus zu werden, wie diejenigen, aus denen dieses etwas, dieses Korn, das da verstreut (griech. σπείρω) wurde, hervorgegangen ist. Solche, vielfach kugligen, winzigen Gebilde nennt man Sporen, und Sporenbildung, als Bildung dauerhafter, auch lange Trockenheit und selbst hohe Temperaturen überdauernder Keime finden wir bei Bakterien, z. B., um eine medizinisch wichtige Art zu nennen, beim Milzbrandbazillus. Von mehrzelligen Pflanzen haben wir Sporenbildung verbreiteterweise bei den Pilzen (Schimmelpilze: aus der Spore keimt ein Faden, die Fäden bilden das „Myzel", aus dem die Frucht-, d. h. Sporenbehälterträger aufsteigen) und Algen; wir haben sie auch bei den höherstehenden „Kryptogamen", den Schachtelhalmen und Farnen, Bärlappen, Flechten und Moosen, wo vielfach aus den Sporen Gebilde werden, die nicht die eigentlichen Pflanzen mit ihrer ausgesprochenen „Vegetation" sind, sondern „Prothallien", Bildungen, die ihrerseits wieder Keime erzeugen, diesmal aber bei verschiedenen Prothalliums-Individuen geschlechtlich verschiedene, so daß hier ungeschlechtliche und geschlechtliche Zeugung abwechselt (Generationswechsel).[1])

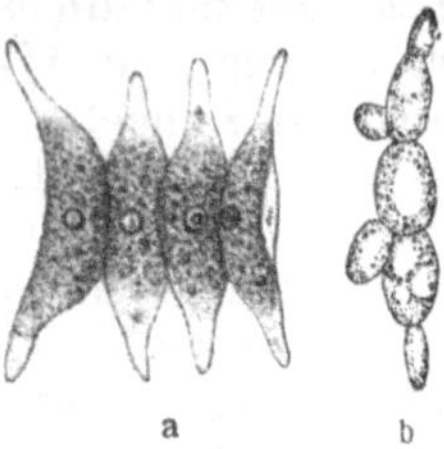

Abb. 4. Aneinanderhängende einzellige Pflanzen. a Alge Scenedesmus. b Hefepilz.

Auch niedere Tiere gibt es, die sich durch Sporenbildung fortpflanzen. Manche einzellige Tiere, die wie die vielzelligen Eingeweidewürmer in anderen höheren Tieren als Schmarotzer leben, so die Gregarinen und andere „Sporozoen", haben die Fähigkeit, nötigenfalls nach vorheriger Umhüllung mit schwerlöslicher Substanz (Einkapselung) ihren Kern und ihm nachfolgend ihr Zellplasma in viele Teile zerfallen zu lassen, die, zunächst Sporen, unter geeigneten Lebensbedingungen dem Mutterorganismus gleichwertig anwachsen (Abb. 5).

1) Näheres siehe bei Küster, Vermehrung und Sexualität der Pflanzen (ANuG Bd. 192).

In diesem Falle wie auch bei Bakterien und Amöben kann man mit einem gewissen Recht von einer Unsterblichkeit der Einzelwesen sprechen; denn aus einem werden ja immer zwei gleiche, es braucht nicht zugrunde zu gehen. Bedingung ist allerdings, daß das nötige Nährmaterial vorhanden sei, was natürlich bald unmöglich wird; dazu kommt der ständige Stoffwechsel, dessen Schlacken sich anhäufen und chemisch und mechanisch das Weiterleben und Sichteilen behindern müssen. Aber selbst wenn man im Experiment für Regulierung dieser Verhältnisse durch „*Weiterzüchten*", d. h. stetes Übertragen der sich vermehrenden Einzelligen auf frischen „Nährboden" sorgt, so bemerkt man vielfach, daß die *Fortpflanzungsfähigkeit* nachläßt. Unter Umständen läßt sie sich verbessern oder wiederherstellen, wenn dem Nährboden gewisse Zusätze beigegeben werden, die von vornherein nicht für die Vermehrung der Lebewesen nötig erscheinen. Wir werden bald einen logischen Zusammenhang dieser Erscheinung finden mit einer anderen, welche man bei niederen Tieren und Pflanzen häufig unter dem Mikroskop beobachten kann, und welche in gewissem Sinne der Fortpflanzung durch Teilung entgegengesetzt ist; das ist die *Vereinigung verschiedener Zellindividuen*, beziehungsweise der *Austausch von Substanz* zwischen ihnen. Wie wir die Teilung einer Amöbe, die erst den Kern, dann auch das Zellplasma betrifft, verfolgt haben, so können wir beobachten, daß zwei Amöben sich aneinanderlegen, ihr Zelleib miteinander verschmilzt, dann die Kerne sich einander nähern und auch miteinander verschmelzen. So ist aus zwei Zellen eine geworden, und diese hat dann in erhöhtem Maße die Fähigkeit gewonnen, oder hat, wenn sie verlorengegangen war, die Fähigkeit wiedergewonnen, sich durch Zweiteilung zu vermehren.

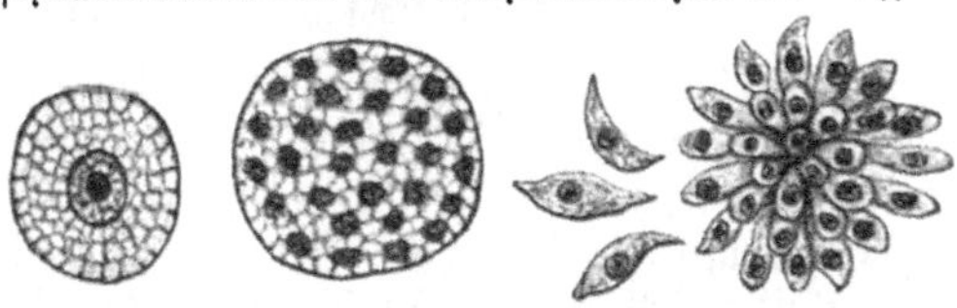

Abb. 5. Teilung eines Sporozoons in viele Tochter-Einzelwesen.

Wir haben gesehen, wie Algen sich durch Sprossung zu langen Fäden auswachsen. Dies Wachstum läßt binnen einer gewissen Zeit nach, und man kann dann zwischen den Zellen benachbarter Fäden, z. B. von Spirogyra, in denen die blattgrünhaltige Zellsubstanz in Spiralform wie ein Band in den zylindrischen Zellen enthalten ist, einen merk-

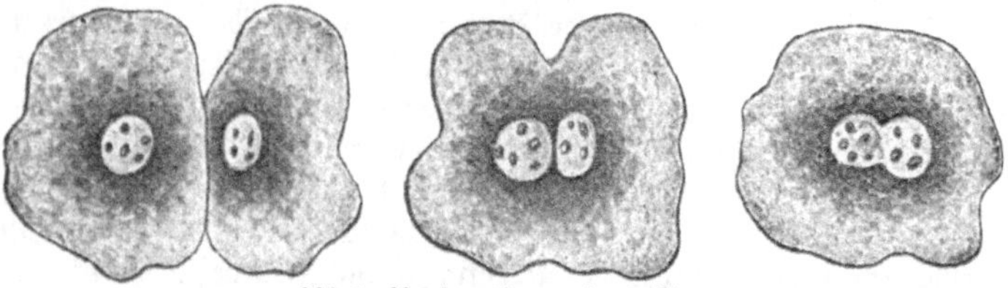

Abb. 6. Konjugation zweier Amöben.

würdigen Vorgang wahrnehmen: die Zellen zeigen an einander gegenüberstehenden Punkten je eine Ausbuchtung; die Ausbuchtungen fließen zusammen zu einem Verbindungsrohr, durch welches der inzwischen zusammengeballte Zellinhalt der einen Seite sich wurmartig in die anderseitige Zelle herüberschiebt und mit dem Inhalte dieser vereinigt (Abb. 7). Dieselbe ist dann zur Vermehrung durch Sprossung erneut befähigt.

Man bezeichnet diese Vorgänge der Vereinigung der lebenden Substanz gleichartiger Zellindividuen als Konjugation. Solche Konjugation kommt aber nicht nur zwischen gleichartigen Zellindividuen vor, sondern auch zwischen verschieden gearteten resp. geformten, wenn auch gleichen Ursprunges. So kann z. B. ein Sporozoon durch vielfache Kern- und Zellteilung sich auflösen, wie wir gesehen haben, in viele Sporen, die durch langgestreckte Form und Ausbildung von Geiseln oder Fäden als Bewegungsorgan, als Schwärmsporen herumirren. Anderseits kann ein solches Sporozoon ungeteilt rund und viel größer als jene Schwärmsporen bleiben. Zwischen beiden Formen, der großen und der kleinen ist nun Konjugation möglich; man spricht von der großen Zelle als dem Makrogameten und den Schwärmsporen als Mikrogameten (Abb. 8), denen die Zelle des Makrogameten eine Ausbuchtung entgegenstreckt, die man als Empfängnishügel bezeichnet hat, an welche im allgemeinen ein Mikrogamet sich anlegt und in vorbeschriebener Weise mit dem Makrogameten verschmilzt, zu einem Gebilde, das dann zu anderweitiger Fortpflanzung geschickter ist.

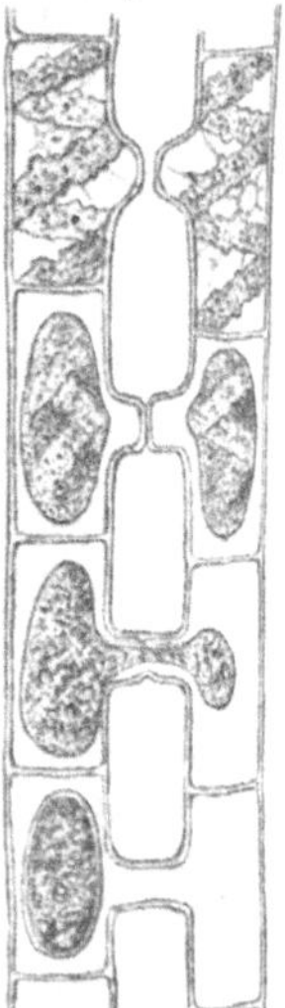

Abb. 7. Konjugation der Alge Spirogyra.

Wir haben hier bereits die Grundlage dessen, was

man als geschlechtliche Zeugung bezeichnen muß, sobald die zwei verschiedenen Gebilde, die da „konjugieren" und ein zur Fortpflanzung taugliches Konjugationsprodukt bilden, bestimmte, besonders ausgebildete und abtrennungsfähige Zellen eines vielzelligen Organismus sind. Wir sahen ja diese Abtrennung besonders ausgebildeter „Keimzellen" schon bei ungeschlechtlicher Fortpflanzung durch Sporen, dort, wo vielzellige Pflanzen, wie etwa Schimmelpilze, sich durch Sporenbildung fortpflanzen.

Die Keimzellen bei der geschlechtlichen Fortpflanzung pflegt man als **Zygoten** zusammenzufassen, man spricht bei den kryptogamen Pflanzen wohl von Makrosporen und Mikrosporen oder Spermatozoiden, bei der geschlechtlichen Fortpflanzung der Tiere aber ausnahmslos von **Eizelle** und **Samenzellen**, letztere werden auch als Spermien oder etwas altmodischer Spermatozoen (Samentierchen) bezeichnet — von der Zeit ihrer Entdeckung her, da man sie vielfach für in der Samenflüssigkeit sich bewegende tierische Schmarotzer hielt. Bei den „phanerogamen" Pflanzen, bei denen der Pollenschlauch aus dem Pollenkorn in die Samenknospe hineinwächst und einen seiner Kerne in die Eizelle des Embryosackes eintreten läßt, handelt es sich, wie die Übergangsstadien bei Gymnospermen lehren, um eine Abkürzung des oben erwähnten Generationswechsels, indem die Samenknospe dem „weiblichen Prothallium" (Archegonium), der Pollenschlauch dem „männlichen Prothallium" (Antheridium) der betreffenden Kryptogamen entspricht. Wir müssen darauf verzichten, auf die Fortpflanzung der höheren Pflanze näher einzugehen, da vielmehr diejenige der höheren Tiere[1]), vorab des Menschen, im Brennpunkte unseres Interesses steht.

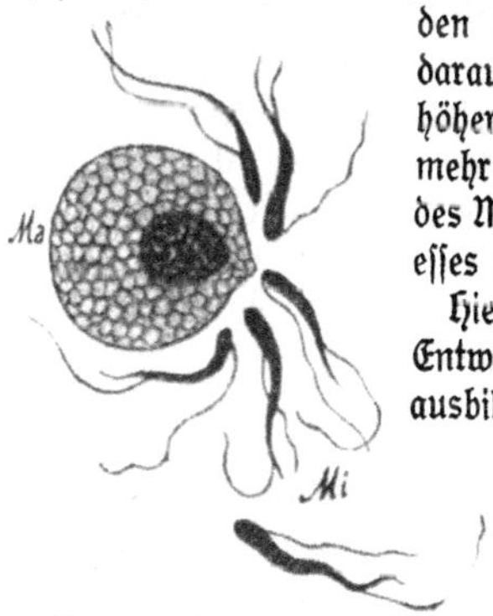

Abb. 8 Makrogamet *(Ma)* eines Sporozoons, von Mikrogameten *(Mi)* umgeben

Hier bilden die **Keimzellen** im Laufe der Entwicklung des Einzelwesens besonders sich ausbildende Zellen, die man den übrigen **Körperzellen** gegenüberstellt. Je nach der Tierart und dem Geschlecht, wobei zwischen wirbellosen und Wirbeltieren tiefgehende Unterschiede be-

1) Siehe darüber auch Goldschmidt, Fortpflanzung der Tiere (ANuG Bd. 253).

stehen, entstehen sie an sich verzweigenden Gebilden gewissermaßen durch Sprossung (Eierstock der Gliedertiere), oder auf sich faltenden Oberflächen, den Zellagern der Oberhäutchen (Epithelien der Schleimhäute usw.) gleichend (Keimlager); durch jene Faltungen entstehen dann Organe, die im Bau denjenigen ähneln, deren Funktion die Absonderung von Stoffen aus dem Blute in Hohlorgane oder nach außen ist, sowie auch die Produktion von Stoffen aus den Organflüssigkeiten Blut und Lymphe, die wieder in diese hinein abgeschieden werden. Diese Organe, wie Leber, Niere, Speicheldrüsen, Schilddrüse, Hirnanhang, nennt man Drüsen, und man redet dementsprechend auch von Keimdrüsen — eine Bezeichnung, die durch die heutzutage nachgewiesene Verquickung von Vorgängen „innerer Absonderung" mit der Erzeugung und dem weiteren Schicksal der „Keimzellen" sozusagen doppelte Bedeutung gewonnen hat. Diese Dinge werden uns späterhin ausführlich beschäftigen.

Wir haben also stets zweierlei Keimdrüsen resp. Keimlager, solche, die Eizellen bilden, die man weibliche Keimdrüsen, und solche, die Samenzellen bilden, die man männliche Keimdrüsen nennt, erstere auch Eierstöcke oder Ovarien, letztere auch Hoden oder Testikel.

Die Fortpflanzung findet nun so statt, daß eine Eizelle und bei den höheren Wirbeltieren auch nur eine Samenzelle sich vereinigen, wodurch die Eizelle „befruchtet", d. h. veranlaßt wird, sich zu teilen und weiter zu teilen. Die so entstehenden, miteinander zusammenhängenden Zellen differenzieren sich derartig und nehmen derartige gegenseitige Lagerung an, daß aus ihnen schließlich der verwickelte „Zellenstaat" eines neuen, den Eltern gleichenden tierischen Organismus wird. Bevor wir auf die inneren Vorgänge bei der Befruchtung und, soweit unumgänglich nötig, der ihr folgenden Entwicklung des neuen Organismus eingehen, haben wir einige Worte den Trägern der Keimdrüsen zu widmen, in welchen die Keimzellen der beiden „Geschlechter" erzeugt werden.

Bei den höherorganisierten vielzelligen „kryptogamen" Pflanzen haben wir im Verlaufe des Wechsels zwischen ungeschlechtlicher und geschlechtlicher Zeugung männliche und weibliche Prothallien kennen gelernt. Bei den „phanerogamen" Pflanzen unterscheiden wir solche, deren Blüten in bekannter Weise dicht aneinander die weiblichen Generationsorgane, Samenknospen mit Stempelbildung, und die männlichen Generationsorgane, die Staubblätter (Staubfäden, Staubgefäße, Pollenträger) besitzen; ferner solche, die Blüten nur mit Stempeln — weibliche Blüten — und Blüten nur mit Staubblättern — männliche Blüten — an demselben Pflanzenindividuum hervorbringen, die man einhäusig (monözisch) nennt; diesen stehen endlich solche gegenüber, bei denen ein Pflanzeneinzelwesen nur weibliche, ein anderes nur männliche Blüten hervorbringt, die man zweihäusig (diözisch) nennt. Wir haben hier ja im übrigen keine Veranlassung, auf den Befruchtungsvorgang bei der phanerogamen Pflanze und die ihn vermittelnden Mechanismen näher einzugehen: bei den höheren Tieren besteht den Pflanzen gegenüber der Unterschied, daß die Geschlechtsorgane nicht meist periodisch sich ausbildende und vergehende, also im ganzen vergängliche und in meist großer Anzahl an einem Einzelwesen auftretende Gebilde sind, sondern ein Tier besitzt sie zeitlebens und in der Einzahl, d. h.: auch hier kann ein Einzelwesen nur männliche Geschlechtswerkzeuge besitzen, dann ist es männlich, oder nur weibliche, dann ist es weiblich, oder beide nebeneinander, dann ist es hermaphroditisch (ein „Zwitter"). Der Hermaphroditismus ist bei manchen wirbellosen, ziemlich hoch organisierten Tieren, z. B. den Schnecken, die Regel. Wir sagten soeben: „Geschlechtswerkzeuge": für die Wirbeltiere, insbesondere die Säugetiere und den Menschen, die stets „zweihäusig" sind, ist maßgebendes Geschlechtsorgan das Keimlager, resp. die es tragende stock- oder drüsenartige Bildung. Der Mann ist ein Mann deshalb und nur dadurch, daß er arbeitende, Samenzellen erzeugende Hoden hat, die ja, da sie von außen erkennbar, von den Alten testes, Zeugen der Männlichkeit genannt wurden, — und das Weib ist ein Weib deshalb und nur dadurch, daß es arbeitende, Eizellen erzeugende Eierstöcke besitzt.[1]) Damit die Fortpflanzung stattfinde, muß es zur Befruchtung kommen, die durch Vereinigung der männlichen und weiblichen Keimzellen erfolgt; um diese Vereinigung zu ermöglichen, können besondere Zeugungsorgane nötig sein, brauchen es allerdings nicht unter allen Umständen; wo, wie bei den Fischen, nur beiderlei Keimzellen haufenweise in das umgebende Wasser gebracht werden und sich begegnen, dort genügen einfach „Ausführungsgänge" der Keimdrüsen, durch welche die losgelösten Zellen nach außen gehen. Hier findet Befruchtung und Entwicklung des neuen Organismus außerhalb des

1) Wesentliche, essentielle Geschlechtsmerkmale nach Poll; s. unten.

elterlichen statt. Auch wo durch geeignete Zeugungsorgane die Befruchtung im Innern des mütterlichen Organismus stattfindet, können die befruchteten Eier ausgestoßen werden und sich außerhalb entwickeln, wie beim Vogel. Bei den Säugetieren, zu denen der *Mensch* gehört, entwickelt sich der kindliche Organismus aus dem befruchteten Ei *innerhalb* des mütterlichen Organismus und auf dessen Kosten, im Zusammenhang mit dessen Stoff- und Kraftwechsel. Hierzu ist natürlich die Anordnung eines besonderen „*Fruchthalters*" mit Nebenorganen notwendig. Die gesamten „Geschlechts- und Zeugungsorgane" sind also vielfältig und von verwickeltem Bau, beim weiblichen Geschlecht noch mehr als beim männlichen. Ein Teil ist an der Oberfläche sichtbar, ein Teil nicht, vielmehr nur dem zergliedernden Messer zugänglich, und danach hat man *äußere* und *innere* Geschlechtsorgane unterschieden.

Noch weiterhin können aber Werkzeuge nötig werden, welche zur *Ermöglichung oder Beförderung der Entwicklung des werdenden Organismus* dienen: wir werden hierher sowohl die wabenartige Anordnung der Rückenhaut der Geburtshelferkröte (Abb. 9) rechnen, in welcher sich die befruchteten Eier zu Larven entwickeln — als Beispiel eines eierlegenden Tieres —, als auch die Tasche des Seepferdes (Abb. 10) oder den Beutel der Beuteltiere als Beispiel eines lebendgeborenen Tieres, und ganz besonders die Vorrichtung, die den Säugetieren, die davon ihren Namen haben, ermöglicht, den weiterentwickelt geborenen Nachkommen im eigenen Stoffwechsel besonders passend vorbereitete Nahrung zu reichen, die Milchdrüse. Wir werden sie sämtlich zweckmäßig unter die Bezeichnung *Werkzeuge der Brutpflege* zusammenfassen.[1])

Äußere Geschlechtsteile und sichtbare Organe der Brutpflege, welche letztere naheliegenderweise meist beim weiblichen Geschlecht ausgebildet sind, tragen dazu bei, *die Einzelwesen verschiedenen Geschlechts*, d. h. also die Inhaber der zwei verschiedenen Keimlager oder Keimdrüsen *äußerlich unterscheidbar* zu machen, zu kennzeichnen: man spricht von Geschlechtscharakteren, und zwar nennt man, da sie ja von vornherein durch die Geschlechtsfunktionen benötigt und gegeben erscheinen, die Keimdrüsen *primäre Geschlechtscharaktere*, und unterscheidet von diesen weitere Merkmale, durch welche sich

1) Alle genannten Organe, außer den Keimdrüsen, faßt *Poll* als subsidiäre (Hilfs-) Geschlechtsorgane zusammen.

Abb. 9. Wabenkröte aus Surinam.

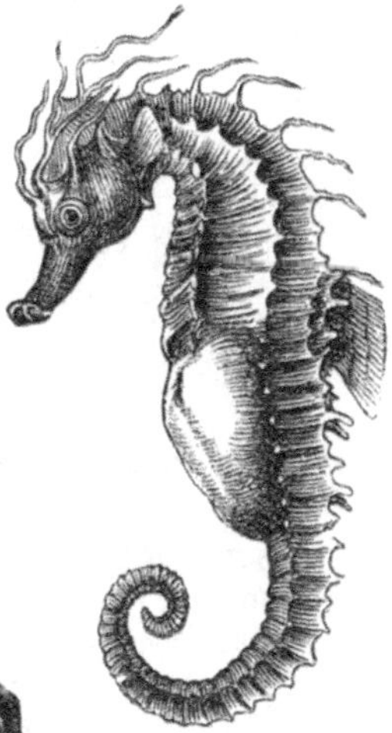

Abb. 10. Männliches Seepferd mit Tragtasche.

die Individuen verschiedenen Geschlechts voneinander schon äußerlich unterscheiden, oft weithin sichtbar, oft auch weniger deutlich, aber für den aufmerksamen Beobachter fast überall in nachweisbarem Maße als sekundäre Geschlechtscharaktere. Manchmal sind die Unterschiede so gewaltig, daß die Einzelwesen verschiedenen Geschlechts wie Angehörige zweier ganz verschiedenen Arten aussehen. Besonders bei Insekten ist das nicht selten, wo z. B. nur ein Geschlecht geflügelt auftritt, so z. B. das Männchen des Frostspanners gegenüber dem kleinen und unansehnlichen Weibchen (Abb. 11). Meistens ist das Männchen größer, ansehnlicher gegenüber dem Weibchen, es gibt aber auch zahlreiche Fälle, wo es umgekehrt ist. Meist zeigt das Männchen eine reichere Ausbildung der Oberhautgebilde: Hörner, Sporen, Kämme, Haare, Federn usw.; meist zeigen diese leuchtendere Farben, so bei manchen Schmetterlingen, den meisten

Vögeln — Erscheinungen, die mit einem speziellen Abschnitt der Sexualbiologie, der Werbung und sog. Zuchtwahl zusammenhängen und dort wieder berührt werden. Auch die Ausnahme- oder pathologische Erscheinung, daß die Geschlechtsmerkmale, und es können sowohl „primäre“ als auch „sekundäre“ dabei beteiligt sein, nicht zu dem durch die vorhandenen Keimdrüsen gegebenen Geschlecht passen, wird später ausführlicher zu behandeln sein, wenn wir die „Geschlechtscharaktere“ des Menschen im einzelnen besprochen haben und uns mit dem, was man neuerdings über den Mechanismus ihrer Entstehung und Erhaltung erforscht hat, beschäftigen werden.[1]

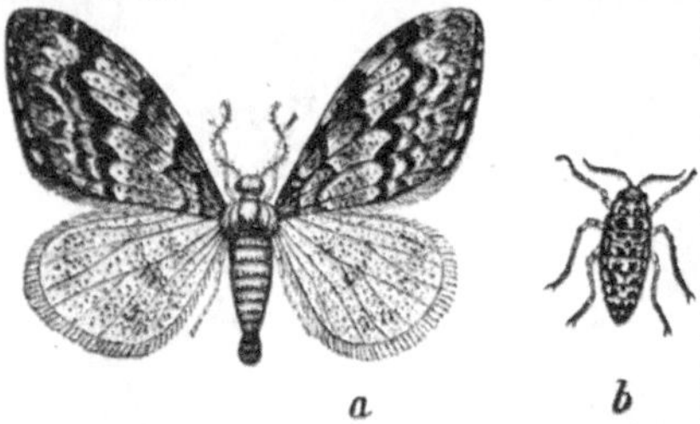

Abb 11. Frostspanner. a Männchen, b Weibchen.

Erinnern wir uns zunächst an die Anordnung der weiblichen Geschlechtsorgane beim Säugetier und Menschen, so liegen dieselben, solange nicht Inhalt an Leibesfrüchten sie über dessen Inhalt hinaus vergrößert, in der durch das knöcherne Becken und die begrenzenden Weichteile gegebenen Höhle, die mit der Bauchhöhle zusammenhängt und wie diese mit seröser Haut (Bauchfell, Peritonaeum) ausgekleidet ist. Wie eine Faltung dieser serösen Haut die übrigen, Bauch- und Beckenhöhle ausfüllenden Organe völlig überzieht und mit den Wänden, besonders der Wirbelsäule als Rückwand verbindet (so das Gekröse, an welchem der Darm gewissermaßen aufgehängt ist), so sind auch die inneren Geschlechtsorgane, wenn auch nur teilweise, mit Peritonäum überzogen und in Falten desselben eingelegt, welche den umfangreichsten und auffallendsten Teil derselben, den Fruchthalter, mit der Beckenwand verbinden und in seiner Lage zu erhalten helfen.

1) Poll trennt von den wesentlichen Geschlechtsmerkmalen, die nur durch die Keimlager dargestellt werden (s. oben), die akzidentellen, zu denen gehören 1. die subsidiären oder Hilfs-Geschlechtsorgane und 2. die bisher sogenannten sekundären Geschlechtscharaktere; beide stellen sich, je nachdem sie in der „Geschlechtsgegend“, d. h. im Zusammenhange mit den Keimdrüsen, oder an anderen Körpergegenden vorhanden sind, dar entweder als „genitale“ akzidentelle Merkmale, und zwar äußere oder innere, oder als „extragenitale“ akzidentelle Merkmale, ebenfalls äußere oder innere.

Der Fruchthalter oder die Gebärmutter, lateinisch uterus, d. h. Schlauch genannt, setzt sich in jedem Fall nach dem Beckenboden zu in der Medianebene (Symmetrieebene des Körpers) in einen unpaarigen Ausführungsgang fort, welcher gleichzeitig der Einführung der männlichen Keimzellen durch das Zeugungsglied des Mannes dient und als Scheide, vagina uteri bezeichnet wird. Der Fruchthalter selbst (Abb. 12) ist bei denjenigen Tierarten, die auf einmal eine größere Anzahl von Nachkommen zur Welt bringen, paarig angeordnet, mit von dem gemeinsamen in die Scheide einmündenden Mittelstück aus beiderseits schlauchartig weithin reichenden „Hörnern", die z. B. bei Nagetieren geradezu in darmschlingenartiger Anordnung aufgefunden werden. Ihre Enden setzen sich beiderseits fort in die beiden Eileiter oder „Tuben", deutsch Muttertrompeten, wegen ihrer in die Bauchhöhle frei hineinragenden offenen Enden, die sich trompetentrichterartig erweitern und freie Fransen zeigen. Die Tuben sind ebenso auch angeordnet beim Menschen mit seiner normalerweise unpaarigen, einhöhligen, birnförmigen, durch dicke Muskelwand und geringe Größe in ruhendem Zustande ausgezeichneten Gebärmutter, wo sie von den oberen Ecken der im wesentlichen dreieckig-flaschenförmigen Höhle (Abb. 13) ihren Ausgang nehmen. Beckenbodenwärts von ihnen liegen (Abb. 14), mit dem Uterus durch eine Bandanordnung verbunden und an die hier als breites Mutterband bezeichnete, Uterus und Tuben von obenher umfassende und haltende Bauchfellfalte angeheftet, aber natürlich nicht in ihr liegend, beiderseits die Eierstöcke, länglich ellipsoidische Gebilde von in der Tat drüsenartigem Bau. Denn sie sind erfüllt mit mehr oder weniger ausgebildeten bläschenartigen Hohlräumen oder Anlagen zu solchen, den Graafschen Follikeln, die ihr Entdecker im 17. Jahrhundert, Regnier de Graaf, für die Eier selbst hielt. Das sind sie zwar nicht, aber die Eizellen werden in ihnen gebildet und sind in ihnen enthalten (Abb. 15). Die fertige Eizelle sitzt in einem Zellhaufen, dem Eihügel, der nur noch an seinem Grunde im

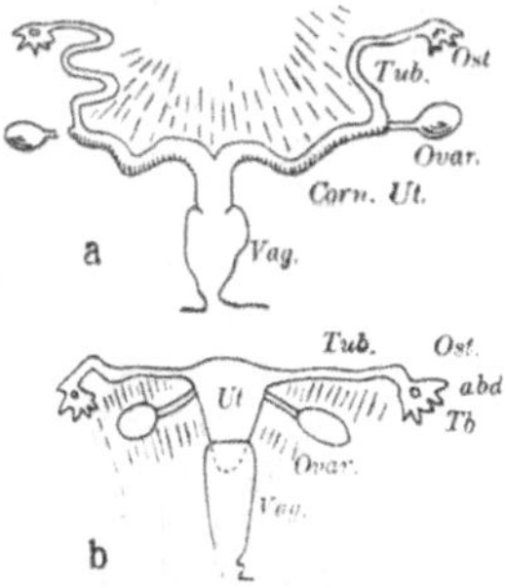

Abb. 12. **Anordnung der weiblichen Geschlechtsteile, a beim Säugetier, b beim Menschen.** *Ut* Uterus; *Corn Ut* Uterushorn; *Tub* Eileiter; *Ost abd Tub* Bauchhöhlenöffnung des Eileiters; *Ovar* Eierstock *Vag* Scheide.

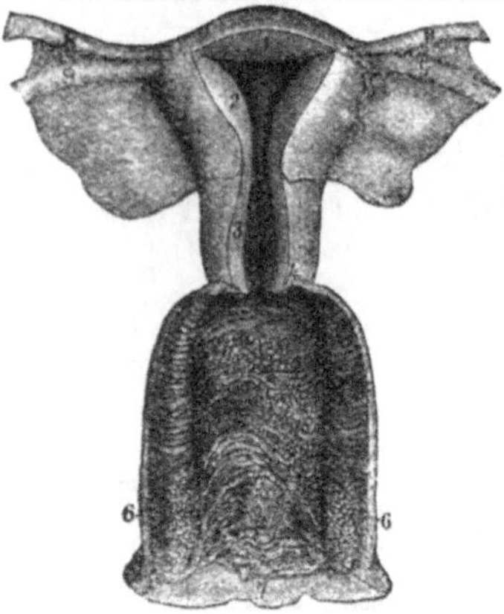

Abb. 13. Gebärmutter und Scheide eines Mädchens, aufgeschnitten. 1, 2 Gebärmutterkörper, 3, 4 Gebärmutterhals, 6, 7 Scheide, 8 Eileiter, 9 rundes Mutterband.

Zusammenhange steht mit der die gesamte Wand der Eiblase auskleidenden Epithelzellenschicht, während im übrigen der reife Follikel sich mit Flüssigkeit füllt, deren Binnendruck ihn schließlich zum Platzen bringt, wobei das Ei ausgestoßen wird; es gelangt in den Eileiter, dessen befranstes offenes Ende sich zu dieser Zeit über den Eierstock stülpt, und deren Inneres, ebenso wie dasjenige der Gebärmutter, eine Schleimhaut mit „geschichtetem Flimmerepithel" darstellt, dessen Flimmerhaare durch ihre Strudelrichtung die Eizelle in der Richtung nach außen treiben müssen.

Die Eizelle, das Ovulum, ist eine einzelne Zelle, und zwar eine im reifen Zustande verhältnismäßig große, deren Protoplasma man wohl allgemeiner als Dotter, deren Kern als Keimbläschen und dessen Kernkörper als Keimfleck bezeichnet hat. Von den Epithelzellen des Zellhaufens, in dem sie gereift ist, deren sie eine größere Anzahl mitzuschleppen pflegt, ist die Eizelle durch Zwischenschichten, insbesondere eine das Zellplasma oder den Dotter unmittelbar umgebende „durchsichtige Schicht", abgegrenzt. Die Eizellen bilden sich durch fortgesetzte Zellteilung aus Zellen, welche bereits in früherer Embryo-

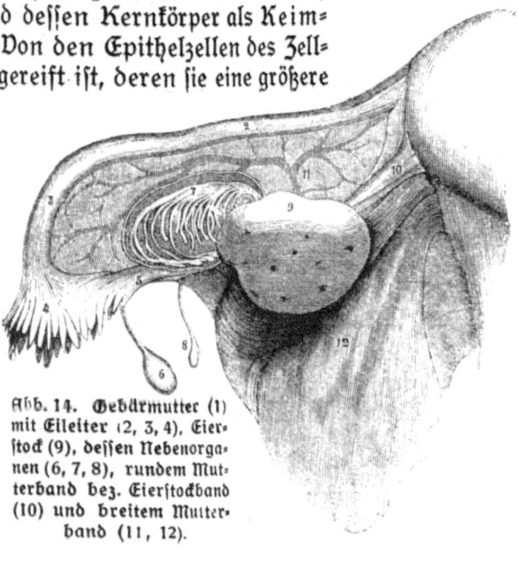

Abb. 14. Gebärmutter (1) mit Eileiter (2, 3, 4), Eierstock (9), dessen Nebenorganen (6, 7, 8), rundem Mutterband bez. Eierstockband (10) und breitem Mutterband (11, 12).

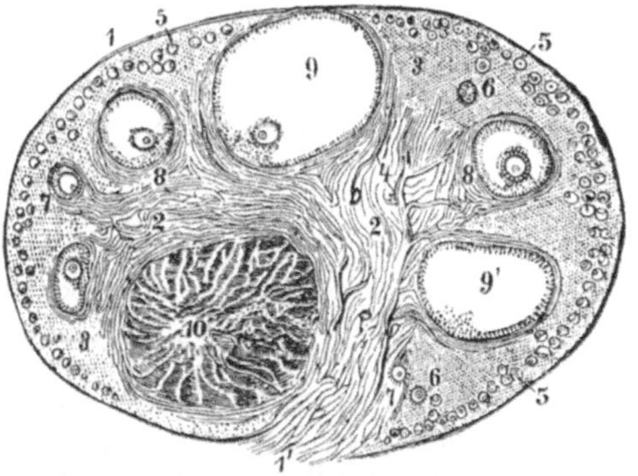

Abb. 15. Schnitt durch den Eierstock einer Katze: 5 bis 9 Eibläschen (Graafsche Follikel) in verschiedenen Entwicklungsstadien; in 7, 8, 9 ist die Eizelle deutlich zu sehen; 10 gelber Körper.

nalzeit des betreffenden Tieres oder Menschen sich als Keimzellen auszusondern und auszubilden begonnen haben, und welche in der ersten Anlage des Keimlagers (von deren Schicksal, Beziehungen zur Anlage der Niere usw. wir noch zu sprechen haben werden), falls dieselbe weiblich ist, als **Ureier** bezeichnet werden. Die **Graafschen** Follikel sind bereits beim neugeborenen Mädchen im mikroskopischen Schnitte des Eierstockes zu erkennen. Sie und die darin befindlichen Eizellen reifen indessen periodisch erst mit Eintritt der Geschlechtsreife (Pubertät), und ganz entsprechend verhält es sich mit den Spermatozoen, zu welchen die „Spermatozyten" erst mit der Pubertät sich umformen und als solche ebenso wie die Eizellen „ablösen", während ihre Vorstufen, die **Ursamenzellen**, bei der männlichen Leibesfrucht bereits zu sehr früher Zeit vorhanden sind.

Die Keimdrüse, in welcher die Spermatozoen entstehen, der **Hode**, kann auch im wahren Sinne des Wortes als Drüse, und zwar als verzweigtröhrige Drüse angesprochen werden; die Röhrchen werden als **Samenkanälchen** bezeichnet, deren Wandepithel die Spermatozoen in ähnlicher Weise liefert und abstößt wie dasjenige der **Graafschen** Follikel die Eizellen, nur daß diese durch Platzen (mit nachheriger Umformung und Verödung, siehe später) der Follikel nach außen und in den Eileiter gelangen, die Spermatozoen dagegen in einen richtigen Ausführungsgang, welcher, zunächst im Nebenhoden knäuelartig aufgewunden (Abb. 16), dann als Samenleiter weiterführt, und zwar zusammen mit den Blutgefäßen des Hodens und Nebenhodens („Samenstrang") auf einem recht verwickelten Wege bei denjenigen Säugetieren, zu denen der Mensch gehört, indem hier diese Organe im Laufe der Entwicklung aus ihrer ursprünglichen Lage zu beiden Seiten der Wirbelsäule in eine Hautausstülpung am Beckenboden heraus- und herabtreten. Wir werden auf dieses Herabsteigen und das damit zusammenhängende Verhalten des Bauchfellüberzugs der männlichen Keimdrüse noch zurückkommen. Von einem „Fruchthalter“ ist natürlich beim männlichen Geschlecht nicht die Rede, dafür treffen wir auf dem Wege für die Herausbeförderung der Spermatozoen Nebenorgane, über deren Bedeutung bis in die neueste Zeit gestritten worden ist. Es kann aber kaum ein Zweifel herrschen, daß sowohl die Samenblasen (die lange, der Gallenblase und Harnblase entsprechend, als Vorratsbehälter des Samens gegolten haben) als auch ebenso die Vorsteherdrüse (Prostata) bei der Zubereitung des flüssigen Zusatzes, in welchem verteilt die Spermatozoen ausgestoßen werden, mitwirken. Die Vorsteherdrüse, die mit einem Teil der Muskelfasern des Harnblasenschließers organisch vereinigt ist, umgibt ja beim Manne den Übergang aus der Harnblase in die harnausführenden Wege. In diese münden die beiden Samenleiter als sog. Ausspritzungskanäle ein, auf einer Schleimhauterhebung innerhalb der Vorsteherdrüse, dem Samenhügel, und zwischen ihnen ein kleiner unpaariger Blindsack, der auch männliche Gebärmutter (uterus masculinus) genannt wird wegen seiner entwicklungsgeschichtlichen Gleichwertigkeit mit dem weiblichen Fruchthalter, auf die wir später, weil sie äußerst wichtig ist, noch zurückkommen müssen (Abb. 17).

Von dieser Stelle ab ist beim Manne der Weg gemeinschaftlich für den Harn wie auch für den Samen. Die Anatomen und Ärzte haben freilich diesen Weg auch weiter hinaus bisher als Harnröhre bezeichnet, und zwar nächst dem Vorsteherdrüsenteil den häutigen Teil und den Schwellkörperteil unterschieden, welcher letztere innerhalb des einen unpaaren der drei Schwellkörper liegt, die in dem männlichen Gliede liegen und es durch ihre Anfüllung mit Blut zur Steifung und Einführung in die weibliche Scheide befähigen.

Aus Rücksicht auf die Entwicklung und deren später ausführlich zu besprechende Vergleichung bei beiden Geschlechtern ist man neuerdings dazu übergegangen, den ganzen Teil der männlichen Harnröhre abwärts vom Samenhügel als Harn- und Geschlechtskanal zu bezeichnen, und dementsprechend als Harn- und Geschlechtsbucht die Höhlung der weiblichen Geschlechtsteile vor dem Harnröhreneingang, der mehr nach oben und vorn, und dem Scheideneingang, der mehr nach unten und hinten gelegen ist (Abb. 18a u. b). Für das

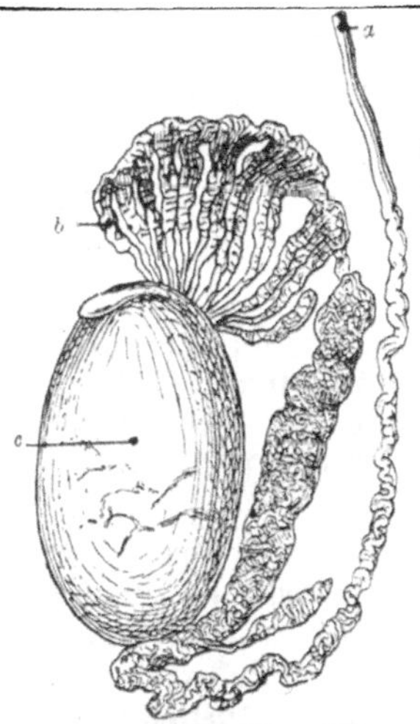

Abb. 16. *a* Samenleiter, *b* Nebenhoden, *c* Hoden des Mannes.

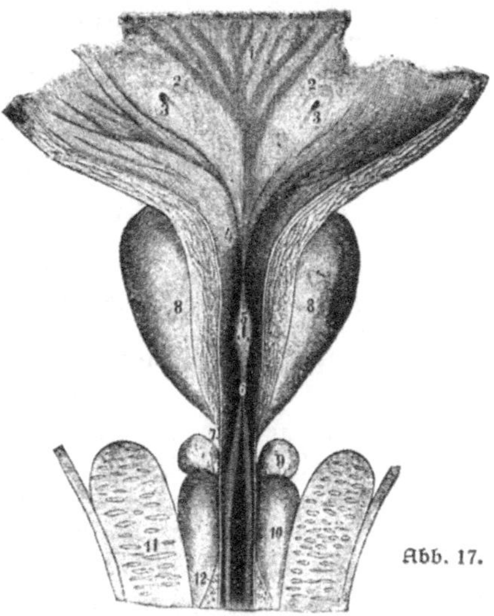

Abb. 17. Unterer Teil der Harnblase und Beginn der Harnröhre des Mannes, aufgeschnitten. Harnleitermündungen, 4 Blasenhals, 5 Samenhügel mit den Mündungen der Ausspritzungskanäle und des Uterus masculinus, 8 Vorsteherdrüse.

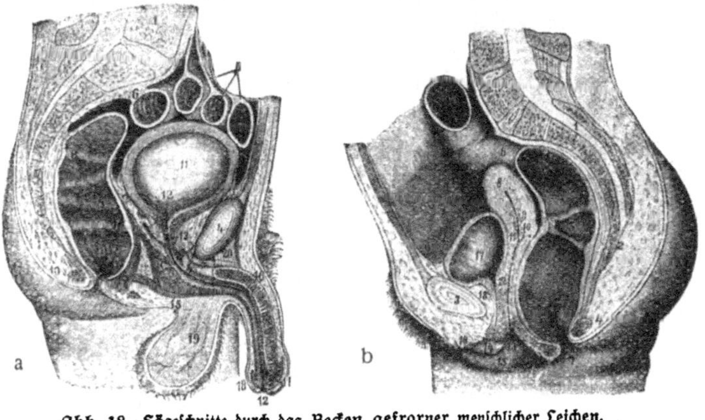

Abb. 18. Sägeschnitte durch das Becken gefrorner menschlicher Leichen, a vom Manne, b vom Weibe.

Bei a: 11 Blase, 12, 12 Harnröhre, 13 Vorsteherdrüse, 11 Eichel des Gliedes, 15, 16 Schwellkörper desselben, 18 Vorhaut, 4 Querschnitt der Schambeinfuge.

Bei b: 8, 9, 10, 11 Gebärmutter (dieselbe steht infolge gefüllter Blase unnatürlich hoch aufgerichtet), 12 Scheide, 13 Scheidenvorhof, 14 kleine, 15 große Schamlippen, 16 Klitoris, 17 Harnblase, 18 Harnröhre, 3 Schambeinfuge.

Verständnis der vorkommenden Mißbildungen, insbesondere der zwitterhaften, ist dieses Verhalten und sein Zustandekommen, das wir später besprechen werden, ganz unerläßlich.

Zweiter Abschnitt.

Die geschlechtliche Fortpflanzung als periodische Funktion. Östrischer Zyklus. Paarung und Befruchtung. Zellphysiologische Grundlage der Befruchtung und Theorien über ihren Mechanismus. Furchung und Entwicklung. Parthenogenese.

Die Reifung und Ausstoßung der Geschlechtsprodukte oder Keimzellen, deren Vereinigung die Vorbedingung zur Entwicklung des neuen Organismus ist, findet also erst mit Erreichung eines gewissen Alters, eben der „Geschlechtsreife" oder Pubertät, statt und hört eine gewisse, meist längere Zeit vor dem individuellen Tode auf. Innerhalb dieser Zeit ist die Geschlechtsfunktion vielfach nicht andauernd, sondern man kann sagen, mehr als irgendeine Funktion periodisch wiederkehrend und aussetzend. Dies sehen wir ja schon beim Blühen und Fruchttragen der höheren Pflanzen, das ganz besonders in gemäßigten Klimaten an den Wechsel der Jahreszeiten gebunden ist. Dasselbe gilt auch hier für die in der Wildheit lebenden Tiere, die sich zu einer bestimmten Jahreszeit paaren, sei es im Frühlinge mit Steigen der Temperatur, sei es zu einer solchen Zeit, daß die Nachkommenschaft die besten Lebens- und Ernährungsbedingungen findet. Kann man in diesem Sinne von einer Geschlechtsjahreszeit sprechen, so ist davon streng zu scheiden die Periodizität der ein- oder mehrmaligen Wiederkehr der Reifung der Keimzellen und der damit verbundenen weiteren Vorgänge, insbesondere beim weiblichen Geschlecht. Man faßt dieselben einschließlich des durch sie bedingten Triebes der Einzelwesen zur Paarung, der Äußerungen des sog. Geschlechtstriebs, und zwar bei Tieren beiderlei Geschlechts, zusammen mit der Bezeichnung Brunst (Östrum). Wo sie sich nur einmal innerhalb der Geschlechtsjahreszeit geltend machen, spricht man von monoöstraler, wo sie sich wiederholen, von polyöstraler Funktion. Zu letzterer ist auch der Fall zu rechnen, wo, wie beim menschlichen Weibe, das periodische Reifen der Eier unabhängig von der Jahreszeit das ganze Jahr hindurch stattfindet, während man hinsichtlich der männlichen Geschlechtsfunktion beim Menschen keine eigentliche Periodizität mehr beobachtet, sondern von einer kontinuierlichen Funktion sprechen kann. Wo bei polyöstrischen Tieren die Trächtigkeitsdauer kurz ist, können in der nämlichen Geschlechtsjahreszeit oder wenigstens im Laufe des Jahres mehrmals Nachkommen erzielt werden. Wo sie dagegen der Jahresdauer nahekommt, wie beim Menschen, oder sie übertrifft, wie beim Elefanten, ist dies natürlich trotz des Polyöstrismus nicht möglich.

Das Reifen und die Auslösung der Keimzellen aus dem Verbande der sie umgebenden Zellen sind zellphysiologische Vorgänge, die in ihrer Vorbereitung, ihrem Wesen und ihren weiteren Folgen die gesamten Geschlechtsfunktionen derart beherrschen, daß einige Haupttatsachen bereits hier besprochen werden müssen, während anderseits fachwissenschaftliches Eingehen auf die Einzelheiten und streitigen Punkte natürlich hier untunlich ist.

Die, wie erwähnt, schon beim Embryo in entsprechendem Entwicklungsstadium nachweisbaren Urkeimzellen („Spermatogonien" und „Oogonien") gehen durch mitotische Zellteilung in anders aussehende Zellen über, welche sich weiter teilen und gewissermaßen eine zweite Zone darstellen, die man bei der Samen- und Eibildung von der Keimzone als Wachstumszone unterscheidet: aus Spermatogonien sind „Spermatozyten" geworden, die noch ganz den allgemeinen Zellcharakter beibehalten haben und bei der Reifung einen zweimaligen Teilungsprozeß durchmachen; zunächst werden aus ihnen die „Spermatiden", die anfangs noch den allgemeinen Zellcharakter haben, dann aber sich verlängern und in ihrer Achse ein Gebilde erkennen lassen, welches ihre Umformung zum Spermatozoon voranzeigt (Abb. 19). Dieses letztere ist bei der Mehrzahl der höheren Tiere (Abb. 20) ein im Verhältnis zur Eizelle kleines und sehr langgestrecktes Gebilde, an dem ein sog. Kopf, ein Halsteil und der bewegungserzeugende Schwanz, die „Schraube" des Torpedos, um Winziges mit riesigem Technischen zu vergleichen, unterschieden wird. Es ist hier nicht der Ort, auf vergleichend anatomische und physiologische Einzelheiten, Form des Kopfes, Membran des Schwanzes usw. einzugehen. Wichtig ist aber, daß der Reifung der Spermatide zum Spermatozoon eine Kernteilung vorausgeht, in einen sog. Hauptkern und einen Nebenkern, und daß der Hauptkern bei der weiteren Umformung in das Kopfstück, der Nebenkern in das Schwanzstück eintritt, wie

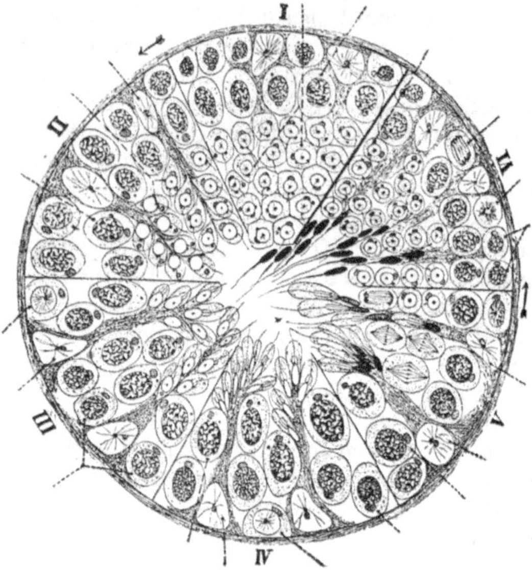

Abb. 19. Bildung der Samenfäden im Querschnitt eines Samenkanälchens. Die einzelnen Sektoren *I* bis *VI* zeigen aufeinander folgende Bildungsstadien in den konzentrischen Zellschichten bis zur Ausstoßung der fertigen Samenfäden in der innersten Schicht bei *VI*.

man z. B. bei der Weinbergschnecke genauer hat verfolgen können (Kleinert). Der Nebenkern scheint weiterhin sich aufzulösen, während die Köpfe aller Spermatozoen sehr reich an Kernsubstanz sind, wie schon daraus ersichtlich, daß die Chemie der Nukleine seinerzeit durch Miescher ganz speziell an Fischsperma studiert worden ist, das dann auch Kossel und anderen Forschern den Hauptstoff für ihre wichtigen Arbeiten auf diesem Gebiet geliefert hat.

Eine mehrmals hintereinander erfolgende Zell- resp. Kernteilung ist nun aber auch bei der Reifung der Eizelle beobachtet worden, und zwar je nach Stellung des betreffenden Tieres den Befruchtungsvorgängen vorangehend oder mit ihnen noch gleichzeitig. Sie besteht darin (Abb. 21), daß in der Eizelle zunächst mitotische Kernteilung stattfindet ganz in der bekannten Weise, wonach aber der eine Tochterkern nur mit einem ganz winzigen Teil des Zellplasmas der Eizelle zusammen sich abschnürt und als sog. Pol- oder Richtungskörper außerhalb der durchsichtigen Hülle „ausgestoßen" wird (Abb. 21 c). Dieser Polkörper, jedenfalls aber die Eizelle teilt sich nochmals mitotisch, und der eine Tochterkern der letzteren wird wieder mit nur wenig Zellplasma als Polkörper ausgestoßen (Abb. 21 d). Dieses Mal aber halbieren sich nicht alle Chromosomen der Länge nach,

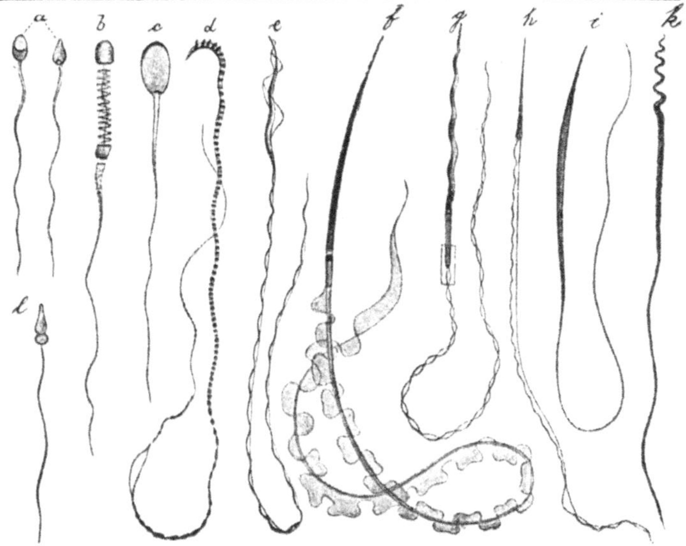

Abb. 20. Samenzellen verschiedener Tiere: *a* Mensch, *b* Fledermaus, *c* Schwein, *d* Ratte, *e* Buchfink, *f* Wassersalamander, *g* Rochen, *h* Käfer, *i* Maulwurfsgrille, *k* Süßwasserschnecke, *l* Seeigel.

sondern man findet im Polkörper (eventuell in den Teilungsprodukten des ersten Polkörpers ebenso) wie auch in der endgültig gereiften Eizelle im Kern nur die halbe Zahl der Chromosomen, wie sie der Keimzelle eigentlich zukam (vgl. oben S. 6). Nach dem Befunde im innerhalb der Eizelle unmittelbar nach der Befruchtung beobachteten „Spermakern" gilt das gleiche für das Spermatozoon; auch bei der Bildung von Haupt- und Nebenkern und dem Übergang des ersteren in den Kopf, des letzteren in den Schwanz des Spermatozoon (oben) findet ein entsprechender mitotischer Vorgang statt, der als „Reduktionsteilung" bezeichnet wird, eben weil dabei die Chromosomenzahl auf die Hälfte reduziert wird (Abb. 22). Bei der im Befruchtungsvorgange stattfindenden Vereinigung von Eikern und Spermakern gibt es so eine Summe der Chromosomen, die der ursprünglichen wieder gleich ist, worauf wir öfter zurückkommen werden.

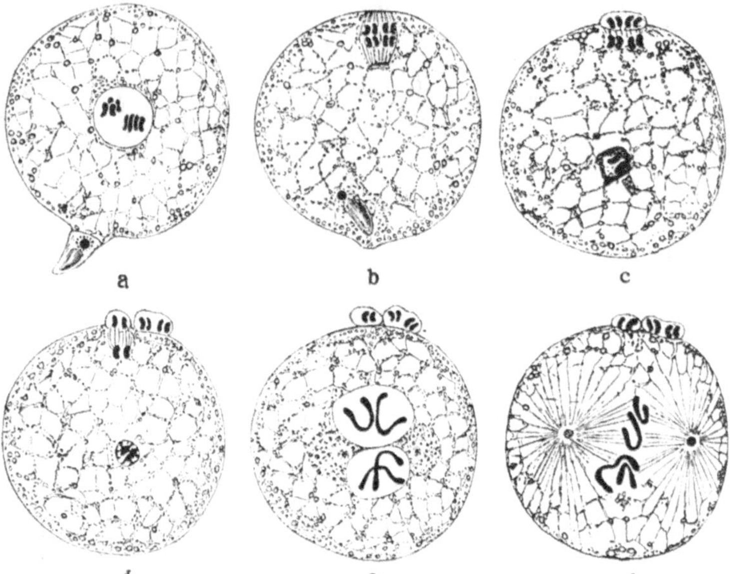

Abb 21 Bildung der Polzellen und Befruchtung durch eine eingetretene Samenzelle beim Ei des Spulwurms.

Zur Befruchtung ist nötig, daß Eizelle und Spermatozoon sich begegnen und vereinigen. Dies wird bei dem Begattungsvorgang vieler Tierarten dadurch zuwege gebracht, daß das männliche Zeugungsorgan, welches die Spermatozoen zu entleeren hat, in das Innere der weiblichen Geschlechtsgänge eingeführt wird. Es kann hier nicht der Ort sein, auf Einzelheiten vergleichend physiologischer Art hinsichtlich des Begattungsvorganges bei den Tierarten näher einzugehen. Eine vortreffliche und ausführliche Arbeit in dieser Hinsicht ist neuerdings von Ulrich Gerhardt geliefert worden. Es sei hier nur auf ein paar grundsätzlich wichtige Punkte aufmerksam gemacht. Wie schon erwähnt, gibt es Tierarten, bei denen das Vorhandensein der sämtlichen Geschlechtsorgane beiderlei Geschlechts in demselben Einzelwesen die Regel ist. Hierher gehören die Schnecken, wie z. B. die Weinbergsschnecke (Helix pomatia), wo alle Einzelheiten der Begattung neuerdings von Meisenheimer besonders genau studiert worden sind.

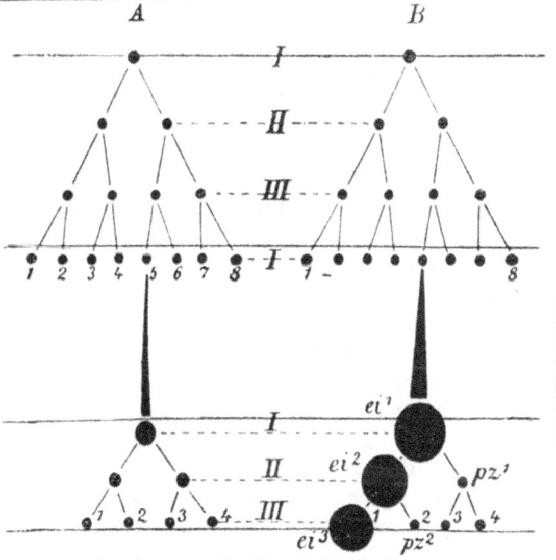

Abb. 22. Stammbaum der Zellgenerationen bei der Bildung und Reifung *A* der Samenzellen, *B* der Eizellen. *I, II, III* Vorstufen; *ei*¹, *ei*², *ei*³ reifende Eizelle; *pz*¹, *pz*² Polzellen.

Die Begattung und Befruchtung erfolgt hier doppelt und gegenseitig, und diese Tiere zeichnen sich auch dadurch aus, daß zur Einleitung der überall in der Tierwelt für die Auslösung des Begattungsvorgangs notwendigen Erregung des Nervensystems (wo geschlechtliche Zeugung beim Tier stattfindet, fehlt dieses kaum) ein besonderer Apparat ausgebildet ist, dessen Funktion in der Entsendung und Aufnahme des sog. Liebespfeils besteht.

Im allgemeinen erfolgt dort, wo innere Befruchtung stattfindet, Ablegung des Samens im Ausführungsgang des Fruchthalters, der Scheide, von wo aus die Spermatozoen wesentlich durch ihre Eigenbewegung, die in geeignetem Mittel, wie der alkalischen Samenflüssigkeit sehr energisch und verhältnismäßig geschwind auch gegen den Flimmerstrom der Epithelien des Fruchthalters stattfindet, in den letzteren eindringen. Den auf dem Höhepunkt der Erregung stattfindenden Bewegungen des Uterus wird ja allerdings eine Mitwirkung bei ihrer Aufnahme beim Menschen zugeschrieben. Beim Tier können anscheinend noch besondere Vorrichtungen vorhanden sein, um sie zu sichern; wenigstens besitzen manche Wiederkäuer, wie Schaf,

Gazelle, Giraffe, an dem männlichen Glied einen langen fadenförmigen Fortsatz, welcher von der „Harnröhre" (richtiger dem Harn- und Geschlechtskanal, s. oben) bis zum Ende durchsetzt wird, und der offenbar in den Gebärmuttermund und -hals eingeführt werden kann.

Die das Beziehungsleben, den nervösen und psychischen Bereich betreffenden Anordnungen, welche zur Sicherung der Fortpflanzung dienen, müssen später im Zusammenhang besprochen werden; durch das offenbar durch physiologische, klimatische und vielleicht kosmische Einwirkungen bedingte Zusammentreffen der Brunst bei beiden Geschlechtern derselben Tierart kommt es dazu, daß das gelöste und gereifte Ei -- eines beim Menschen, mehrere hier selten, bei anderen Tieren z. T. regelmäßig — auf dem Wege vom Ovarium in den Fruchthalter zahlreichen Spermatozoen begegnet, die mit ihm die „Konjugation" erstreben. Denn diese sind ja durchschnittlich viel, viel kleiner, dafür aber in unendlicher Überzahl gegenüber der Eizelle oder den Eizellen vorhanden: als Mittelzahl derselben, die bei einer menschlichen Beiwohnung entleert wird, hat ja Lode etwa eine viertel Milliarde berechnet.

Durch diesen gewaltigen Überschuß der Spermatozoen gegenüber den Eizellen und durch eine Reihe anderer Faktoren ist dafür gesorgt, daß nach Möglichkeit die Befruchtung zustande kommt; zu diesen Faktoren gehört einerseits die Tatsache, daß die Spermatozoen in den weiblichen Geschlechtswegen sich tagelang lebend und beweglich erhalten können, anderseits die Wahrscheinlichkeit, daß durch einen bei der Beiwohnung gesetzten Reiz, vielleicht den Blutandrang zu den Geschlechtswerkzeugen, die Eilösung direkt veranlaßt werden kann. Bei gewissen Tieren handelt es sich dabei um eine beobachtete Tatsache, beim Menschen scheint sie mir kaum im Bereiche der Möglichkeit zu liegen. Hier dürfte die Eiablösung oder Ovulation in der regelmäßigen Periodik des „polyöstrischen" Funktionierens stattfinden, ganz unabhängig davon, ob Beiwohnungen stattfinden oder nicht. Zu den Funktionen im „östrischen Zyklus", wie man es genannt hat, gehören indessen außer der Eilösung, die wir direkt nicht beobachten, deren Stattfinden wir nur indirekt erschließen können, noch andere wichtige Vorgänge, die ganz offenbar mit der Vorbereitung des Fruchthalters für die organische Verbindung mit dem etwa befruchteten Ei und der Zufuhr von Nährmaterial zu diesem für seine Entwicklung zum neuen Organismus zusammenhängen,

Vorgänge, die sich äußerlich in einer sehr auffallenden Erscheinung und allgemeinen Veränderungen im Verhalten des weiblichen Organismus kundtun. Da dieselben, wenn nicht stattgefundene Befruchtung usw. sie unterbricht, beim Menschen das ganze Jahr hindurch in bestimmter Periodik wiederkehren, die dem Mondmonat (lateinisch mensis) von 28 Tagen entspricht, so spricht man von der „Menstruation", auch Periode oder Regel. Sie ist äußerlich gekennzeichnet durch die Blutung aus den weiblichen Geschlechtsteilen, die jedesmal einige Tage andauert und in einer Auflockerung der Gebärmutterschleimhaut mit teilweiser Wucherung ihrer drüsenartigen Gebilde einerseits, Eröffnung von Blutgefäßen und Austritt von Blut anderseits ihre Grundlage hat.

Mit ihr ist beim Menschen vielfach eine als krankhaft anzusprechende Veränderung anderer Funktionen des weiblichen Organismus, auch eine subjektive Störung des Befindens verbunden. Beim Tier ist es gerade die Zeit, in der auch beim weiblichen Einzelwesen der Geschlechtstrieb sich regt; die hier stattfindenden, der menschlichen menstruellen Blutung analogen Blut- und Schleimverluste und damit verbundenen Ausdünstungen locken die zur gleichen Zeit brünstigen männlichen Individuen an, steigern deren Geschlechtstrieb, so daß es zur Begattung kommt.

Die menstruelle Blutung erscheint uns als Folge der Eireifung und Eilösung; sind die Eierstöcke operativ entfernt worden (Kastration des Weibes), so daß keine Ovulation stattfinden kann, so fehlt auch die Menstruation: anderseits bleibt die Menstruation aus, resp. die menstruelle Blutung hört auf, nachdem sie eben begonnen hat (s. später), wenn Befruchtung stattgefunden hat und das befruchtete Ei in die — entsprechend aufgelockerte — Schleimhaut des Fruchthalters sich „einnistet". Diese Schleimhaut beteiligt sich an dem Aufbau des Gebildes, welches den Stoffwechsel zwischen mütterlichem Organismus und sich entwickelndem Ei, resp. heranwachsendem Embryo vermittelt, dem Mutterkuchen oder der Plazenta; sie liefert eine Schicht der Eihüllen, welche sich später von dem übrigen Gewebe des Fruchthalters abhebt, daher als „Dezidua" (hinfällige Haut) bezeichnet wird. Bei gewissen Formen krankhaft verstärkter Regelblutung kommt es in kleinerem Maße zu einer ähnlichen Abstoßung einer Schleimhautschicht, so daß man von einer Decidua menstrualis geredet hat. Keine Frage: die der Menstrualblutung voraufgehende Auflockerung der Uterusschleimhaut ist eine Vorbereitung des Fruchthalters für die Aufnahme des zu erwartenden befruchteten Eies, und die Menstruation selbst ist gewissermaßen gleichwertig einer ausgebliebenen Geburt: bei beiden geht Stoff des Fruchthalters und Blut verloren! Wir werden den Zusammenhang noch klarer übersehen und auch die zeitlichen Beziehungen zwischen Ovulation und Menstruation besser besprechen können, wenn wir uns später mit der innersekretorischen Tätigkeit eines Gebildes befassen werden, welches nach jeder Ovulation entsteht an der Stelle, wo der Graafsche Follikel mit seinem Inhalt im Eierstock gesessen hat, der da platzte und das Ei austreten ließ: es ist das ein Haufen von eigenartigen Zellen, die durch ihren Gehalt an gelbem Farbstoff dem ganzen Gebilde, das an der betreffenden Stelle gewölbt über die Oberfläche des Eierstocks herausragt, den Namen des gelben Körpers gegeben haben. Der gelbe Körper, der sich nach jeder Ovulation bildet, ist nicht sehr ansehnlich und hat ein vergängliches Dasein, er zerfällt und verödet schnell und verschwindet später spurlos — daher früher falscher gelber Körper genannt; derjenige, der sich nach einer Ovulation bildet, deren Produkt befruchtet wurde und zur Schwangerschaft führt, wird sehr ansehnlich, ist ganz offenbar ein Gebilde, das eine bestimmte Funktion haben muß, und hinterläßt auch nach seiner Rückbildung narbenartige Spuren, die unter Umständen das ganze Leben hindurch sich erhalten können (Abb. 15) und an den beiden Eierstöcken einer weiblichen Leiche zusammen durch ihre Zahl einen Rückschluß auf die Zahl der im Leben stattgefundenen Empfängnisse gestatten (echter gelber Körper).

Die Eizelle wird befruchtet durch das Eindringen normalerweise bei den höheren Tieren nur eines Spermatozoons; bei niederen Tieren kann Eindringen mehrerer die Regel sein, bei höheren, wo sie vorkommt, eine unter Umständen zur Entwicklung von Mißbildungen führende Ausnahmeerscheinung. Über die Kräfte, welche das Eindringen des Spermatozoons dort, wo keine besondere Eingangspforte („Mikropyle") vorgebildet ist, ermöglichen, ist gestritten worden. Kein Zweifel, daß weit mehr als die Eigenbewegung, die es nahegeführt hat, und die spitze Form des Kopfstücks, also mechanische Kräfte, vielmehr chemische Vorgänge den Eintritt ermöglichen oder erleichtern. Im Inneren der Eizelle löst sich das Schwanzstück des Spermatozoons bald auf, das Kopfstück formt sich zum sog. Spermakern oder männlichen Vorkern um, während der Kernanteil der Eizelle, der bei der bereits besprochenen Reduktionsteilung — zweimaligen Abstoßung von Polkörpern — übriggeblieben ist, als Eikern oder weiblicher Vorkern bezeichnet wird. Wie wir gesehen haben, enthält jeder von beiden nur die halbe Chromosomenzahl, die den Keimzellen der betreffenden Tierart usw. eigen war. Das Wichtige und Merkwürdige bei der nun folgenden Verschmelzung der beiden „Vorkerne", welche die Befruchtung im Sinne einer Zellverschmelzung oder Konjugation vervollständigt (s. Abb. 21e, f), ist nun, daß nach ihr die richtige Chromosomenzahl in dem Kern der nunmehr befruchteten Eizelle zu finden ist, sei es, daß sich die beiden „Halbgruppen" in irgendeiner Weise zum vollen Stern geordnet haben, sei es, was weniger wahrscheinlich ist, daß je ein männliches und weibliches Chromosoma sich vereinigten und dann der Länge oder Quere nach halbierten. Jedenfalls: unmittelbare Folge der Befruchtung ist die Teilung der befruchteten Eizelle durch echte Mitose, Kernteilung genau nach dem früher besprochenen Schema in zwei Zellen, wobei jede sowohl männliches (mütterliches) als auch weibliches (mütterliches) Chromosomenmaterial, also Kernmasse und, um mit Weismann und O. Hertwig zu reden, „Keimplasma" und Erbmasse mitbekommt.[1])

Wenn wir uns aber weiterhin fragen, ob zu dieser Teilung und der an sie sich anschließenden Entwicklung der Eizelle zum neuen Organismus die Befruchtung durch männlichen Keimzellenstoff notwendig ist, so muß die Antwort lauten: grundsätzlich nicht; Entwicklung ohne vorhergehende Befruchtung, sog. Jungfernzeugung (Parthenogenesis) ist in der Tierreihe gar nichts Ungewöhnliches. Sie kann ausnahmsweise vorkommen, so z. B. bei den Eiern des Seidenspinners (Bombyx Mori) in zwei Prozent der Fälle, welches Verhältnis durch gewisse künstliche Eingriffe vergrößert werden kann. Die Entwicklung der parthenogenetisch sich entwickelnden Eier gelangt frühzeitig zum Stillstand.

Die Parthenogenese kann gelegentlich oder bedingungsweise vorkommen. So nach den klassischen, vielfach bekämpften, neuerdings aber mit Sicherheit bestätigten Untersuchungen von Dzierzon, Leuckart und v. Siebold bei den Bienen.

1) Eine ausführlichere Darstellung des Befruchtungsvorganges gibt E. Teichmann (ANuG Bd. 70).

Endlich kann die Parthenogenese auch regelmäßig vorkommen, so bei manchen Insekten und Würmern. Besonders interessant sind dabei die zyklischen Formen mit Abwechslung zwischen parthenogenetischer und Befruchtungsentwicklung wie bei der Reblaus.

Diese Vorgänge, verglichen mit der Prothalliumsbildung, den früher besprochenen Bedingungen der Konjugation bei Algen usw., der Neuanfachung des Wachstums von Bakterien durch Zusätze zum Nährboden werfen, wie schon früher angedeutet, ein eigenartiges Licht auf das Wesen des Konjugations- resp. Befruchtungsvorgangs, sozusagen auf den Zweck der Befruchtung, des Zusammenwirkens zweier Geschlechter bei der geschlechtlichen Zeugung. Wir haben soeben gehört, daß der Prozentsatz der Eier, welche beim Seidenwurm sich parthenogenetisch zu entwickeln pflegen, durch Kunstmittel (Bürsten, kurzes Eintauchen in Schwefelsäure) erhöht werden kann. Schon seit Mitte der 80er Jahre hatten Tichomiroff, Perez, R. Hertwig u. a. gezeigt, daß man durch Kunstmittel auch Eier von Tieren, die sonst der Befruchtung bedürfen, zur parthenogenetischen Entwicklung bringen kann.

Von 1899 an hat dann Jacques Loeb seine Untersuchungen zum Mechanismus der Befruchtung veröffentlicht, in denen er zeigte, daß Eier des Seeigels und anderer Wirbelloser zur parthenogenetischen Entwicklung gebracht werden konnten durch Veränderung der Zusammensetzung des sie umgebenden Seewassers im Sinne einer Erhöhung der molekularen Konzentration, also einer Entziehung von Wasser aus der lebenden Substanz. Er hat auch weiteres hierher Gehörige untersucht, so den Einfluß der an der Zusammensetzung des umgebenden Mittels teilnehmenden Jonen (elektrisch geladenen Teilchen), die Bedingungen, welche die der normalen Entwicklung solcher Eier vorausgehende Hüllenbildung beeinflussen, und ist zu gewissen Vorstellungen gelangt über dasjenige, was bei der Befruchtung vom Spermatozoon geleistet wird und bei der natürlichen und künstlichen Parthenogenese auf anderem Wege zustande kommt: es soll sich handeln einmal um eine Verflüssigung oder Zersetzung gewisser in der Eizelle vorhandener fettähnlicher, die Entwicklungsvorgänge hindernder Stoffe, dann aber um eine sog. katalytische Beschleunigung der Oxydationsvorgänge oder Lenkung des Sauerstoffs in eine Richtung, daß dadurch Kernmaterial neu gebildet werde und so die ja auf Kernteilung, wozu neues Kernmaterial nötig ist, begründete Zellteilung erst ermöglicht werde, in welcher grundsätzlich die Entwicklung besteht.

Dem ist freilich manches entgegengehalten worden, und wir werden schon jetzt darauf hinweisen müssen, daß bei der geschlechtlichen Zeugung doch mindestens Kern-, wenn nicht überhaupt Zellmaterial beider Keimzellen zusammenkommt und durch die beiderseitigen physikalischen und chemischen Eigenschaften den Charakter des entstehenden neuen Organismus beeinflußt. Auf diese Vorgänge, die man bekanntlich als *Vererbung* zusammenfaßt, werden wir nur andeutungsweise eingehen können, nachdem wir eine kurze Übersicht gewonnen haben werden über die *Entwicklungsvorgänge* in ihren gröbsten Grundzügen.

Die erste Zellteilung, welche auf die Befruchtung folgt, gibt sich äußerlich z. B. an einem Froschei zu erkennen dadurch, daß dasselbe eine Furche als Trennungslinie der beiden Tochterzellen zeigt. Jede dieser beiden zerfällt wieder in zwei, was man an einer weiteren senkrecht dazu verlaufenden Furche erkennt: das Ei besteht jetzt aus vier zusammenhängenden Zellen. Indem der Prozeß der „*Furchung*" in dieser Weise weiter geht, entsteht schließlich ein kugeliger Zellhaufen, der eigentlich eine Hohlkugel mit einer einfachen Zellschicht als Wand darstellt, gefüllt mit Flüssigkeit (Abb. 23). Diese *primitive Eiblase* hat man als *Blastula* bezeichnet und in gewissen Fällen beobachten können, daß durch Einstülpung daraus eine Blase mit doppelter Zellwand wird, deren Einstülpungsöffnung man als *Urmund*, deren Höhlung man als *Urdarm* bezeichnet hat — das Ganze als *Gastrula*, wobei die Akten nicht darüber geschlossen sind, ob solche „Gastrulation" (Abb. 23) in allen Fällen stattfinden muß, um die Zweischichtigkeit der Eiblase zu erklären, die für die weitere Entwicklung notwendig ist. Man bezeichnet diese beiden Schichten auch als *Keimblätter*, das äußere Keimblatt nennt man Ektoderm oder Hautsinnesblatt, das innere Entoderm oder Darmdrüsenblatt, weil daraus die mit diesen Namen zusammengefaßten Organsysteme entstehen, und zwar entstehen alle *Systeme* des Organismus und auch die doppelschichtigen Eihüllen der höheren Wirbeltiere, die Zottenhaut (Chorion) und die Schafhaut (Amnion) durch *Faltungen der beiden Keimblätter*, die in ihrer Aufeinanderfolge und Verwicklung nur durch die Herstellung zahlloser mikroskopischer Schnitte durch aufeinanderfolgende Entwicklungsstadien zugänglicher Tierarten in jahr-

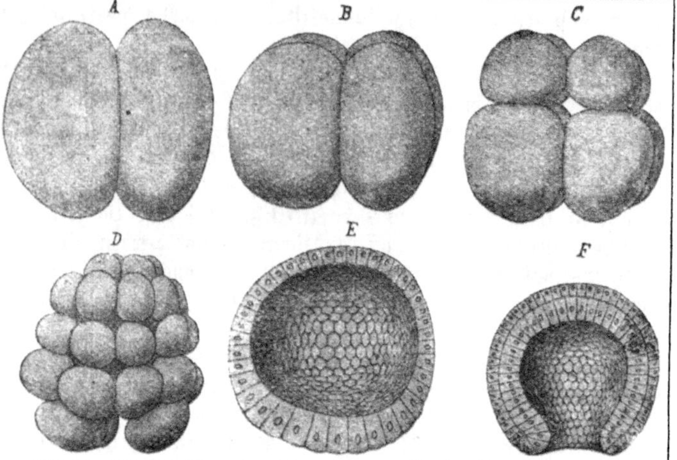

Abb. 23. Erste Entwicklung des Eies vom Lanzettfisch Amphioxus lanceolatus. *A* bis *D* Furchungsstadien; *E* Blastula und *F* Gastrula quergeschnitten.

zehntelanger Forscherarbeit haben erschlossen werden können. Natürlich kann hierauf im einzelnen nicht eingegangen, und nur zum Verständnis für unser Thema wichtiger Dinge sollen einige Schnittbilder vorgeführt werden. Die erste noch flache Embryonalanlage (Abb. 24), die „Keimscheibe", zeigt in der sog. „Primitivrinne" die „Primitivfurche", den Rest des Urmundes (oben); davor bildet sich die Medullar-

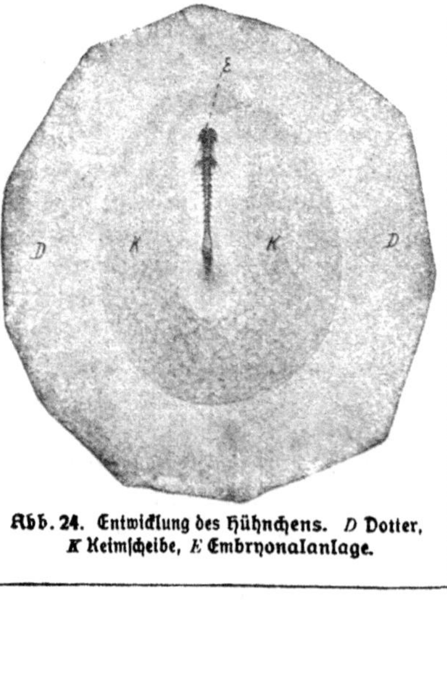

Abb. 24. Entwicklung des Hühnchens. *D* Dotter, *K* Keimscheibe, *E* Embryonalanlage.

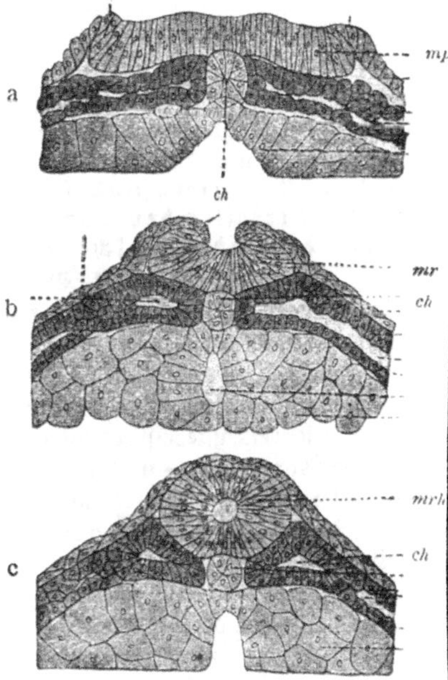

Abb. 25. Querschnitt durch den Rücken dreier Salamander- (Triton-)Larven in aufeinander folgenden Entwicklungsstadien a, b und c. Oben die Organe des äußeren, unten diejenigen des inneren Keimblatts, dazwischen, dunkler getönt, diejenigen des mittleren. *mp* Medullarplatte; *mr* Medullarrinne; *mrh* Medullarrohr; *ch* chorda dorsalis.

platte, die später zur Medullarrinne, der ersten Anlage des Zentralnervensystems wird. Ihr zur Seite erscheinen die sog. **Urwirbel**, segmentale **Bildungen**, die einer eigentümlichen Faltung wahrscheinlich des inneren **Keimblattes** entstammen, welche weiterhin selbständig sich ausbildet und das Material für Muskeln und Blutgefäße liefert: das mittlere Keimblatt, **Mesoderm**, auch **Mesenchym** (Abb. 25). Durch Faltung und Zuwachsen von Faltenrändern entstehen nicht nur die Medullarröhre mit Hirn- und Augenblasen (aus der erwähnten Medullarplatte, resp. -rinne), sondern auch das Hohlorgan des Herzens, der Darm, der sog. Dottersack und der Harnsack (Allantois), und vor allem der im ausgebildeten tierischen Organismus zwischen geschlossenen Außenwänden und inneren Organen vorhandene, mit wenig seröser Flüssigkeit erfüllte Hohl- oder richtiger Spaltraum, das Zölom oder die **Leibeshöhle**, beim Säugetier durch die besondere muskulöse Bildung des Zwerchfells in die obere Brusthöhle und untere Bauch-Beckenhöhle geschieden.

Dritter Abschnitt.

Vorstellungen und Experimente über die Bestimmung des Geschlechts. Die embryonale Entwicklung der Geschlechtsorgane. Die Geschlechtsreife. Die körperlichen Unterschiede zwischen beiden Geschlechtern in der Tierreihe und beim Menschen. Das Altern und das Aufhören der Geschlechtsfunktion. Verhalten der Körperfunktionen und des Stoffwechsels bei beiden Geschlechtern in den verschiedenen Lebensperioden.

Wir gelangen hiermit, indem wir die genauere Besprechung der Bildung der übrigen Organsysteme, der äußeren Körperformen, der der Ernährung des Embryos dienenden Anordnungen usw. Darstellungen der Entwicklungsgeschichte überlassen[1]), zur Besprechung der hier besonders interessierenden Frage: Wie bilden sich die Geschlechtsorgane? — und hiermit in untrennbarem Zusammenhang, ja jener Frage voranstehend: Wie wird das Geschlecht des werdenden Organismus bestimmt? Was für Einflüsse wirken da mit, können sie etwa willkürlich gelenkt werden?

Man hat hier vor allem an den Einfluß der Ernährung gedacht; man hat behauptet, daß in den ärmeren Ständen des Menschen mehr Knaben geboren würden; Born und Yung glaubten anfangs der achtziger Jahre durch Fütterung von Froschlarven gezeigt zu haben, daß die Menge und Zusammensetzung der Nahrung in dem Sinne wirkt, daß reichlichere, besonders fettreiche Kost die Entstehung von Weibchen begünstigt (das Königinnenfutter der Bienen ist fettreicher als das Arbeiterinnenfutter); doch hat man jetzt erkannt, daß dieses Ergebnis nur durch Fehlerquellen vorgetäuscht war. Gerade beim Menschen ist das „Geschlechtsverhältnis" außerordentlich beständig und durch äußere Bedingungen irgendwelcher Art so gut wie nicht beeinflußt. In der Statistik der lebenden Geburten kommen 106 Knaben auf 100 Mädchen. In der Bevölkerung der meisten Länder überwiegt trotzdem das weibliche Geschlecht, da die Sterblichkeit in den meisten Lebensaltern beim männlichen größer ist, schon im ersten Kindesalter und erst recht im Mutterleibe und während der Geburt; von Totgeburten kommen etwa 133 Knaben auf 100 Mädchen. Die grö-

1) Siehe Heilborn, Entwicklungsgeschichte des Menschen (ANuG Bd. 388).

ßere Körper- und insbesondere Kopfgröße der ersteren spielt die Hauptrolle dabei.

Es sind also nicht äußere, sondern innere Faktoren bei der Geschlechtsbestimmung maßgebend. Sicher nicht solche wie etwa nach der einfältigen Auffassung, daß die Spermatozoen des linken Hodens Nachkommen des einen, die des rechten des anderen Geschlechts lieferten: das wäre ein etwas gröblicher Fall der allgemeineren Voraussetzung, daß das Ei geschlechtslos wäre und das Geschlecht des sich entwickelnden Individuums bei der Befruchtung bestimmt würde. Ihr gegenüber steht die andere Annahme, daß das Geschlecht in der Eizelle vorausbestimmt sei. Dafür scheinen gewisse Verhältnisse bei der Parthenogenese zu sprechen. Man hat auch als Stütze für das Vorausbestimmtsein des Geschlechts in der Eizelle die Beobachtung angeführt, daß sog. eineiige Zwillinge beim Menschen immer gleichen Geschlechts sind. Man hat die Entstehungsverhältnisse der Eizellen (Verschmelzung aus mehr oder weniger Keimlagermaterial und verhältnismäßige Größe bei Insekteneiern) herangezogen (Richard Hertwig, Kritik von Th. H. Morgan u. a.), den Grad der Reife (Kuschakewitschs Versuche mit früherer und späterer künstlicher Befruchtung) u. a. m. und jedenfalls die Schlußfolgerung gesichert, daß das Geschlecht von der Beschaffenheit der Geschlechtselemente (Keimzellen, nicht nur der Eizelle!) abhängig ist.

Aufsehen haben in dieser Richtung mit Recht neuerdings die Forschungen von Correns erregt, die an ältere Versuche von Germain de Saint-Pierre (1864) anknüpfen und an Pflanzen angestellt sind. Er sagte sich: das Geschlecht des Nachkommen ist eine „bekannte Größe", die hervorgebracht wird durch die Geschlechtstendenzen der beiden Zygoten, die zunächst beide unbekannt sind: $x + y = t$. Gelingt es, die eine Unbekannte zu ermitteln, so läßt sich die Gleichung auflösen. Nun stellt sich in Kreuzungsversuchen heraus, daß die Keimzellen einer zwittrigen (hermaphroditischen) Pflanze die Tendenz haben, zwittrig zu werden, mögen sie in Staubgefäßen oder Fruchtknoten gebildet sein, und diejenigen einer einhäusigen Pflanze haben wieder die Tendenz, einhäusige Pflanzen zu werden, ob sie nun in männlichen oder weiblichen Blüten gebildet wurden. Correns kreuzte nunmehr Keimzellen einhäusiger Pflanzen, deren Geschlechtstendenz also bekannt ist, mit den Geschlechtselementen zweihäusiger Pflanzen, deren Geschlechtstendenz ermittelt werden sollte.

Das Ergebnis ging dahin, daß die Keimzellen schon vor der Befruchtung eine bestimmte Geschlechtstendenz haben, die weiblichen, weibliche Nachkommen zu geben, die männlichen zur Hälfte solche, die Männchen, zur Hälfte solche, die Weibchen werden. Die endgültige Entscheidung fällt bei der Befruchtung, und zwar so, daß beim Zusammentritt von Keimzellen mit ungleicher Tendenz die männliche die Oberhand gewinnt, der Nachkomme also ein Männchen wird.

Eine etwas abweichende Annahme hinsichtlich des „Überwiegens der Tendenzen" hat Straßburger gegeben. Jedenfalls erkennt man, daß der Gedanke des Überwiegens und Zurücktretens von Merkmalen die Geister beherrscht, der seinerzeit in seinen gleichfalls durch Kreuzungsversuche an Pflanzen durchgeführten Vererbungsstudien von Gregor Mendel zuerst erfaßt und in eine mathematische Form gebracht worden ist. Nach vierzigjähriger Vergessenheit wieder ans Tageslicht gezogen, beherrscht der „Mendelismus" zurzeit die Vererbungslehre und hat sich darin vielfach bewährt; mancherorts stößt er auf Schwierigkeiten und bildet eine Arbeitshypothese auf einem Gebiet, das, mit unserem benachbart, hier nicht näher behandelt werden kann.[1])

So viel ist nach allen neueren Forschungen nicht zu bezweifeln, daß beide Keimzellen bei der Geschlechtsbestimmung mitwirken, wo es zu ihrer Konjugation kommt. Diejenigen, die mit Weismann ein besonderes „Keimplasma" als Träger der Vererbung annehmen und mit Oskar Hertwig ausschließlich oder vorwiegend diesen Vererbungsträger in der Kernsubstanz, die bei der Kernteilung und Befruchtung in Gestalt der Chromosomen erscheint, sehen, mit vielleicht zu weitgehender Hintansetzung des Zellplasmas, alle diese haben sich natürlich bemüht, bei der Reduktionsteilung die Verteilung von „Keimplasma mit Geschlechtstendenz", um es so auszudrücken, sich vorzustellen und so möglichst nach Mendel zu berechnen, wie das Konjugationsprodukt aus Eikern und Spermakern sich verhalten wird. Aber daß eine Mitwirkung der Chromosomen bei der Geschlechtsbestimmung in irgendwelcher Form stattfindet, ist bei manchen Insektenarten nachgewiesen, seit Henking in den Kernteilungsbildern bei der Spermatogenese der Feuerwanze (Phyrrocorris) ein

1) Siehe über Vererbung: Lehmann (ANuG Bd. 379) und Sommer (ANuG Bd. 512).

sog. akzessorisches Chromosom fand, und seit Mc. Clung ihm die Bedeutung eines geschlechtsbestimmenden Faktors zuschrieb und vor allem E. B. Wilson an mehreren Arten von Halbflüglern den Beweis führte, daß es hier zwei verschiedene Arten von Spermatozoen gibt, die eine verschiedene Zahl von Chromosomen führen und beide befruchten können, so zwar, daß die Eier, die alle die gleiche Chromosomenzahl besitzen, je nachdem sie durch die eine oder andere Spermatozoenart befruchtet werden, Männchen oder Weibchen liefern. Hier würde das Spermatozoon schließlich das Geschlecht bestimmen, wie bei den Bienen das Ei: offenbar sind das Grenzfälle des allgemeineren Satzes von Correns, daß beide Keimzellen Material zur Geschlechtsbestimmung liefern!

Und bei der Abschätzung der Bedeutung von „Heterochromosomen" (d. h. Chromosomen, deren Gestalt und Größe von derjenigen der übrigen abweicht), die neuestens auch für die Geschlechtsbestimmung beim Menschen ins Feld geführt wird, sollte nicht vergessen werden, daß auch recht wohl umgekehrt der primäre geschlechtsbestimmende Faktor sekundär die Bildung derselben bedingen könnte — in letzter Linie ein chemischer Faktor[1]) oder deren mehrere —, chemische Prozesse, an denen Kern und Zellplasma, die doch miteinander in stetem Austausch stehen, auch beide beteiligt sein dürften!

Wenn wir also heutzutage dem Mechanismus der Geschlechtsbestimmung etwas näher gekommen zu sein glauben, so erkennen wir immer deutlicher, daß seine willkürliche Beherrschung uns in absehbarer Zeit ebenso entrückt ist wie, allen gelegentlichen Phantasien zum Trotz, die künstliche Erschaffung lebender Substanz.

Die „Bestimmung des Geschlechts" im Sinne der von uns oben gegebenen Definierung des Geschlechts durch das Vorhandensein der entsprechenden Keimlager, welche Keimzellen der einen oder der anderen Art erzeugen, würde sich also zunächst auf die Entstehung dieser Keimlager oder Keimdrüsen, als der „wesentlichen Geschlechtsmerkmale", der eigentlichen Geschlechtsorgane beziehen.

Neben diesen aber entstehen im Laufe der Entwicklung des Einzelwesens und gleichlaufend mit ihrer Ausbildung auch die geschlechtlichen Hilfsorgane, die im Sinne Polls zu den außerwesentlichen Geschlechtsmerkmalen gehören.

---

1) Zur Einführung in die Biochemie sei auf den so betitelten Band 352 dieser Sammlung von W. Löb verwiesen.

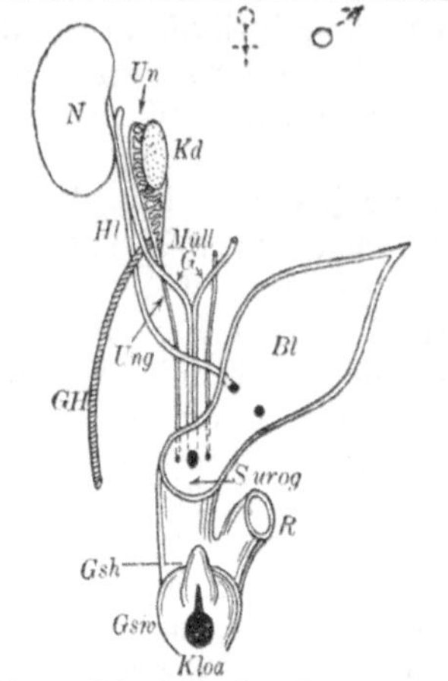

Abb. 26. Erste Anlage des Harn- und Geschlechtssystems (Schema). *Un* Urniere (Wolffscher Körper), *N* bleibende Niere, *Kd* Keimdrüsenanlage, *Ung* Urnierengang (Wolffscher Gang), *Müll G* Müllerscher Gang, *Hl* Harnleiter, *GH* gubernaculum Hunteri (Leitband der Keimdrüse), *Bl* Harnblase, *S urog* Harn- und Geschlechtsbucht, *R* Mastdarm, *Kloa* Kloake, *Gsw* Geschlechtswulst, *Gsh* Geschlechtshöcker.

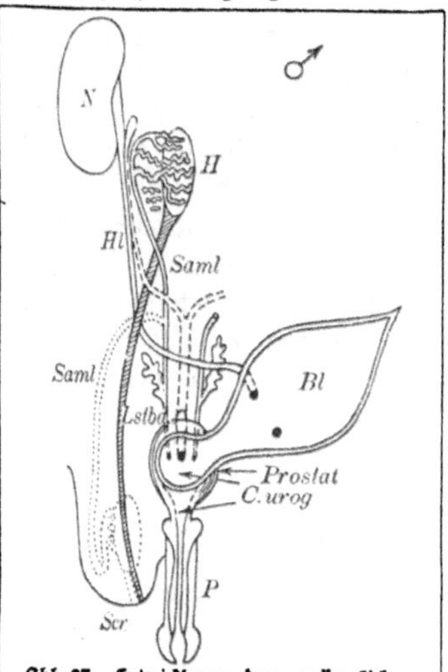

Abb. 27. Entwicklung des männlichen Harn- und Geschlechtssystems aus der ursprünglichen Anlage (Abb 26): *N* Niere, *H* Hode, *Saml* Samenleiter, *Hl* Harnleiter, *Bl* Blase, *Lstbd* Leistenband des Hodens, *Scr* Hodensack (Scrotum), *Prostat* Vorsteherdrüse, *C urog* Harn- und Geschlechtskanal, *P* männliches Glied.

Alle Geschlechtsorgane bilden sich im Zusammenhang mit der Entwicklung der Harnorgane, und zwar durch Umformung aus einer Anlage, welche in einem früheren Entwicklungsstadium des Embryos für beide Geschlechter gleich ist. Wir müssen auf diesen Abschnitt spezieller Organentwicklung bei den Säugetieren und dem Menschen mit einigen Worten eingehen. (S. die Schemata Abb. 26, 27, 28.)

An der Grenze des gegliederten und nichtgegliederten Teils des mittleren Keimblatts entsteht schon in einem sehr frühen Entwicklungsstadium auf jeder Seite eine eigentümliche Bildung, deren ausgestülpte Teile durch Ausfüllung mit einem eigenartigen Blutgefäßnetz zu einem Vorläufer dessen werden, was in dem späteren Harnbildungsapparat, der Niere, der sog. Malpighische Knäuel oder

Glomerulus ist. Zum Abfluß für das hier gebildete Ausscheidungsprodukt tritt in der Wand der Leibeshöhle eine Rinne auf, die sich später zum Ausführungsgang schließt — erst für die genannte Bildung, die bald verschwindet und als Vorniere bezeichnet wird, dann für eine in der Nachbarschaft entstehende, die durch eine große Zahl von Kanälchen ausgezeichnet ist, welche in den genannten Gang einmünden. Diese weitere Bildung heißt die Urniere oder der Wolffsche Körper, der Gang der Urnierengang oder Wolffsche Gang.

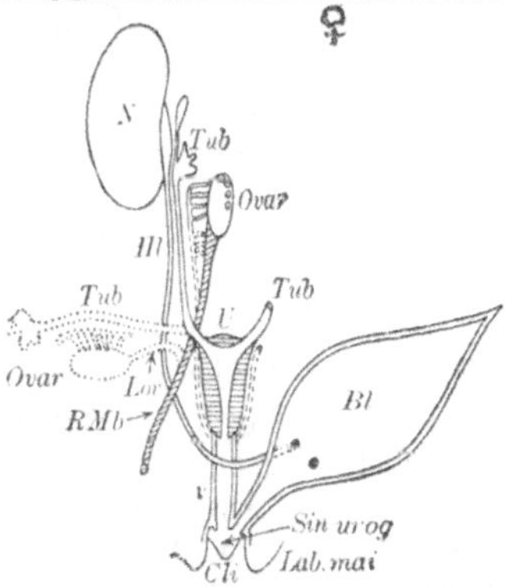

Abb. 28. Entwicklung des weiblichen Harn- und Geschlechtssystems aus der ursprünglichen Anlage (Abb 26): *N* Niere, *Hl* Harnleiter, *Ovar* Eierstock, *Tub* Eileiter, *Lov* Eierstocksband, *R Mb* rundes Mutterband, *U* Uterus, *v* Vagina, *Bl* Blase, *Sin urog* Harn- und Geschlechtsbucht, *Lab mai* große Schamlippen, *Cli* Klitoris.

Längs eines Streifens der Leibeshöhlenwand, der an der inneren Seite der Urniere von vorn nach hinten zieht, legt sich nun das Keimlager an, dessen Epithelien später zu Eierstocksepithelien und Zellagern Graafscher Follikel werden, wenn das Geschlecht als weiblich, und zu Samenkanälchen mit Ursamenzellen usw. werden, wenn das Geschlecht als männlich bestimmt war. Die letztgenannten münden dann in den Wolffschen Gang!

Neben diesem, als eine Art Verdoppelung oder Abzweigung auf der äußeren Seite, legt sich aber gleichfalls beiderseits ein weiterer Gang an, der Müllersche Gang. Weder die Vorniere noch auch die Urniere oder der Wolffsche Körper behalten ihre ursprüngliche nierenartige Bestimmung; erstere verschwindet, wie gesagt, ganz, letzterer erfährt eine Umwandlung im Zusammenhang mit der Keimdrüse, die sich an ihm zu entwickeln begonnen hat. Für die Bereitung des die wesentlichen Schlacken des Stoffwechsels später nach außen abführenden flüssigen Produktes bildet sich vielmehr später am hinteren Endstück des Urnierengangs eine besondere Drüse, die bleibende Niere, und zwar aus zwei Teilen, dem Harnleiter, mit seinen Verzweigungen, wenn man so will, die später zur Marksubstanz mit ihren geraden Harnkanälchen werden, und einer anderen Bildung, die zur Rindensubstanz mit ihren gewundenen Harnkanälchen wird, innerhalb deren sich dann Gefäßknäuel (Glomeruli) anlegen, wie sie in der oben erwähnten Vorniere schon bestanden haben.[1])

Die Harnleiter münden in die sich zur selben Zeit bildende Harnblase, deren Mündung oder „Blasenhals" ihrerseits wieder die Einmündungsstelle ist sowohl für die beiden Wolffschen Gänge auf beiden Seiten als auch für die sich in ihrem untersten Verlaufe zu einem unpaarigen Teil vereinigenden Müllerschen Gänge. Blasenhals, resp. Harn- und Geschlechtsbucht (S. 20) und Mastdarm münden in diesem Entwicklungsstadium in einen gemeinschaftlichen Entleerungsraum, der als Kloake bezeichnet wird und nicht nur beim Kaltblüter und Vogel, sondern auch bei der niedersten Säugetierart, den deshalb sog. Monotremen („Einlochtieren"), wie dem Schnabeltier, zeitlebens bestehen bleibt. Außen vor der Ausmündung der Kloake findet sich eine Hervorragung angedeutet, der Geschlechtshöcker, und von ihr laufen nach rückwärts zu beiden Seiten eines spaltenförmigen vorderen Anteils der Kloakenöffnung die Geschlechtswülste.

Endlich ist noch eine Falte des sich ausbildenden Peritonäums (Bauchfells, s. S. 16) zu erwähnen, welche vom unteren Ende der Urniere oder des Wolffschen Körpers zur Leistengegend läuft und als das Leistenband der Urniere bezeichnet wird.

Diese ursprüngliche Gesamtanordnung des Harn- und Geschlechtsapparats ist, wie gesagt, die gleiche, welches Geschlecht sich auch weiterhin ausbildet. Mit dieser Ausbildung treten Umwandlungen zum endgültigen Zustande auf, die nunmehr zu besprechen sind.

In dem Maße, als die bleibende Niere sich ausbildet und die Keimdrüse durch Aufknäuelung der Samenkanälchen die dem Hoden eigene Form und Anordnung erhält, bildet sich die Urniere zurück; ihr vorderer oder Geschlechtsteil, der schon zur Bildung des Hodens seinen Beitrag geliefert hat, wird zum Kopf des Nebenhodens, der Wolffsche Gang zum Samenleiter. Vom hinteren Teil der Urniere bleiben nur kümmerliche Reste als sog. abirrende Gefäße des Nebenhodens und sog. Paradidymis, ein verkümmertes, nicht funktionierendes Gebilde. Die Müllerschen Gänge verschwinden bis

---

1) Näheres über den Bau der Niere s. im IV. Teil der Anatomie von K. v. Bardeleben (ANuG Bd. 204).

auf Reste ihrer Endstücke — die oberen bilden die ungestielte Hydatide des Nebenhodens; die untere unpaarige Verschmelzung, die zwischen den Mündungen der Wolffschen Gänge (nunmehr, da diese Samenleiter geworden sind, also der Ausspritzungskanäle) in die Harn- und Geschlechtsbucht einmündet, bildet die schon erwähnte Bucht der Vorsteherdrüse oder den uterus masculinus. So weit die Entwicklung der inneren Geschlechtsteile des Mannes (über das Herabsteigen der Hoden weiter unten).

Beim weiblichen Geschlecht, wo die Keimdrüse als Eierstock mit geschlossenen Follikeln sich ausbildet, verschwindet der Wolffsche Gang oder Urnierengang beim Menschen völlig, bei manchen Säugetieren sind Reste als die sog. Gartnerschen Gänge zu erkennen. Vom Wolffschen Körper oder der Urniere wird der vordere Teil zum sog. Nebeneierstock oder Parovarium, der hintere zu dem hiervon zu unterscheidenden ganz verkümmerten Gebilde des „Paroophoron“, bläschen- oder kanälchenartigen kleinen Gebilden im breiten Mutterbande. Die Müllerschen Gänge werden hier zu den Eileitern, dem Uterus, mit seinen zwei Hörnern beim Tier: getrennt verlaufende Teile, — bzw. einheitlichem Körper oder unpaaren Anteil und der Scheide: verschmolzener Teil der Gänge. Aus den abgeschnürten oberen Enden werden die sog. Morgagnischen Hydatiden (Wasserbläschen).

Bei beiden Geschlechtern ist ferner zu beachten, daß die ursprünglich hoch in der Bauchhöhle, in der Nierengegend angelegten Keimdrüsen tiefer treten: die dabei wirksamen Faktoren sind das raschere Wachstum des übrigen Körpers und das Vorhandensein und im Wachstum Zurückbleiben des schon erwähnten „Leistenbandes“ der Urniere. Beim männlichen Geschlecht wird es zum Leitband des Hodens (gubernaculum Hunteri) beim Herabsteigen dieses Organs bis in das Innere des hier aus dem „Geschlechtswulst“ sich bildenden Hodensacks. Das Organ geht dabei durch den Leistenring, resp. Leistenkanal, durch welchen beim Erwachsenen der Samenstrang verläuft, und nimmt dabei eine doppelte Lage des ursprünglich nur der einen Seite des Keimlagers anhaftenden Bauchfells mit. Man findet beide beim Manne den Hoden umgebend als „Tunica vaginalis propria“. Das Herabtreten der Hoden beim menschlichen Embryo beginnt normalerweise schon im dritten Monat.

Beim Weibe entspricht ihm bis zu einem gewissen Grade ein Herabtreten der Eierstöcke, aber nur bis in die Beckenhöhle. Auch hier geht aber das zum runden Mutterbande werdende Leistenband durch den Leistenkanal.

Die geschlechtsverschiedene Ausbildung der äußeren Geschlechtsteile (Abb. 29) hängt mit der Umbildung der Kloake, der Harn- und Geschlechtsbucht und des Geschlechtshöckers nebst Geschlechtswülsten zusammen. Nur beim Weibe bleibt es bei einer „Bucht", in welcher die kurze Harnröhre und die Scheide münden. Aus den Geschlechtswülsten werden die großen Schamlippen, aus dem Geschlechtshöcker und einer um ihn sich bildenden Faltung wird die Klitoris nebst ihrer Vorhaut und kleinen Schamlippen. Der vordere Teil der Kloaken-

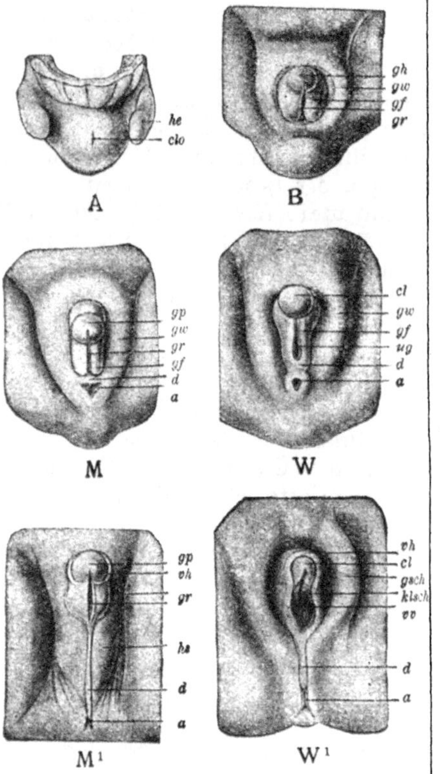

Abb. 29. Geschlechtsgegend menschlicher Leibesfrüchte. Bei A und B (4 bez. 8 Wochen) ist noch kein Geschlechtsunterschied zu erkennen. M und M¹ männlich 2½ bez. 3 Monate, W und W¹ weiblich 2½ bez. 4½ Monate alt.

he hintere Gliedmaßen, *clo* Kloake, *gh* Geschlechtshöcker, *gf* Geschlechtsfalte, *gr* Geschlechtsrinne, *gw* Geschlechtswülste, *gp* Eichel des Gliedes, *cl* Klitoris, *d* Damm, *a* After, *ug* Harn- und Geschlechtsbucht, *vv* Scheidenvorhof, *vh* Vorhaut, *hs* Hodensack, *gsch* große, *klsch* kleine Schamlippen.

öffnung wird zur Schamspalte, der hintere zum After, indem zwischen Harn- und Geschlechtsbucht und Mastdarm der Damm sich ausbildet.

Beim Manne wird aus dem Geschlechtshöcker der Penis, aus den Geschlechtswülsten werden die Hodensäcke, in welche, wie beschrieben, die Hoden hinabsteigen. Aus der „Bucht" wird ein Harn- und Geschlechtskanal, indem der vordere Kloakenanteil sich nicht nur durch den Damm gegen den Mastdarm (Afterbildung), sondern auch zwischen den Geschlechtswülsten oder Hodensäcken schließt und so die Schamspalte verschwindet, ja, die Kanalbildung nimmt die ganze Unterseite des Geschlechtshöckers ein, so daß sie schließlich an der Spitze des Geschlechtshöckers (Eichel des Gliedes) ausmündet.

Erfolgt diese Kanalbildung mangelhaft, so daß die „Harnröhre" unten an der Basis oder im Verlauf des Gliedes ausmündet, so entsteht eine als Hypospadie bezeichnete Mißbildung; Mündung auf der oberen Seite wird als Epispadie bezeichnet. Ausbleiben oder Mangelhaftigkeit des Herabtretens des Hodens kommt ein- oder beiderseitig vor, wird, weil diese Organe dann nicht äußerlich wahrnehmbar sind, als Kryptorchismus bezeichnet und kann mit mangelhaftem Funktionieren derselben verbunden sein. Alle diese Mißbildungen sind aus der voraufgehenden Schilderung der Entwicklungsvorgänge leicht verständlich, ebenso viele derjenigen, bei denen Merkmale der beiden Geschlechter nebeneinander an einem Individuum vorhanden sind; man spricht hier von Zwitterwesen oder Hermaphroditismus.

Bevor wir hierauf und auf dasjenige, was wir jetzt von dem Mechanismus der Ausbildung der sekundären (beziehungsweise außerwesentlichen) Geschlechtsmerkmale wissen, etwas näher eingehen, werden wir gut tun, uns mit diesen selbst etwas näher zu befassen. Zu den Hilfsorganen der Geschlechtstätigkeit gehört außer den schon besprochenen dasjenige Brutpflegeorgan, welches den Säugetieren eigentümlich ist und auch den Menschen zu diesen gehörig erscheinen läßt, nämlich die Brust- oder besser Milchdrüse. Sie ist ein paariges Organ, das bei beiden Geschlechtern angelegt ist, und zwar eigentlich in einer Reihe hintereinanderstehender Gebilde auf jeder Seite. Bei der Mehrzahl der Säugetiere, insbesondere solchen, die auf einmal eine größere Anzahl Nachkommen zur Welt bringen, haben wir ja auch eine Mehrzahl von Milchdrüsen. Sie bilden sich im Verlaufe einer beiderseitigen Erhebung der Hautdecke, die die Milchleiste genannt wird. Daß die Anlage auch beim Menschen die gleiche ist, darauf weist das gar nicht so ganz seltene Vorkommen überzähliger Milchdrüsen hin.

Beim männlichen Geschlecht bleiben diese als Hautdrüsen anzusprechenden Organe meistens gänzlich verkümmert, es bilden sich keine Drüsenbläschen aus, während die Anlage der Ausführungsgänge und die sie vereinigende warzenähnliche Erhebung auf der Brusthaut, die Brustwarze, stets deutlich ist. Beim weiblichen Geschlecht bildet sich das Organ mit Eintritt der Geschlechtsreife aus, d. h. Drüsenbläschen und Ausführungsorgane werden zwischen dem „interstitiellen Bindegewebe" und unter dem polsternden Unterhautfett angelegt, so daß sie, wenn nötig, in Funktion treten und dementsprechend das Organ an Umfang zunehmen kann. Bei der Funktion handelt es sich darum, daß aus Epithelzellen der Drüse durch „Verfettung" Milchkügelchen werden, deren eigentliche Zellsubstanz zugrunde gegangen ist, so daß es sich nur noch um von einer eiweißartigen „Haptogenmembran" umschlossene Fetttropfen handelt, welche in der Grundflüssigkeit, dem Milchplasma aufgeschwemmt sind. Diese eiweiß-, salz- und zuckerhaltende Flüssigkeit ist natürlich ein Produkt spezifischer Tätigkeit der Drüse, welche in Gang kommt, wenn die Geburt stattgefunden hat, während die Vorbereitung zur Milchproduktion schon in der Schwangerschaft stattfindet. Die Milchproduktion und Abgabe wird durch das Säugegeschäft in Gang erhalten und dauert bei manchen Völkern weit ins zweite Lebensjahr des Kindes hinein; ebenso wird sie bei milchgebenden Muttertieren durch das Melkgeschäft unterhalten. Während des Säugens erscheinen Eilösung und Menstruation gehemmt, resp. sie bleiben aus. Der Zusammenhang zwischen der Milchdrüsenfunktion und den Geschlechtsfunktionen wird bald zu besprechen sein.

Die ausgebildeten Milchdrüsen tragen dazu bei, die äußere Erscheinung der beiden Geschlechter bei den Säugetieren, ganz besonders beim Menschen, zu einer auf den ersten Blick verschiedenen zu gestalten.

Hierzu trägt ferner bei eine ganze Reihe von Merkmalen in der inneren Organisation wie der äußeren Gestaltung. Wir werden sie der Reihe nach betrachten.

Bereits erwähnt haben wir die Größenunterschiede, die beim Säugetier überall zugunsten des Männchens stehen. Bei Mäusen und Maulwürfen ist ein Größenunterschied kaum zu merken; bei Walen und Robben ist er sehr groß, kleiner bei Raubtieren, wieder recht groß bei Wiederkäuern. Dies gilt nicht nur für die Körperlänge, sondern auch für das Gewicht. Bei den Kaschgarschafen wird der Widder doppelt so schwer wie das Mutterschaf. Überall spielt die Rasse eine Rolle, so auch beim Menschen. Bei den Romanen ist der Größenunterschied der Geschlechter geringer als bei den germanischen Völkern.

Übrigens erreicht der Mann sein größtes Gewicht normalerweise mit etwa 40 Jahren, das Weib hingegen mit 50 Jahren. Beim Manne nimmt es vom 60. Jahre an ab. Es hängt das mit der Alterskurve der Stoffwechselverhältnisse zusammen, von der und deren Zusammenhang mit den Geschlechtsfunktionen wir noch zu reden haben werden.

Grundlegend für die Geschlechtsunterschiede in der Größe und äußeren Gestaltung ist bei den Wirbeltieren die verschiedene Ausbildung des Knochengerüstes, der stützenden und schützenden Grundlage des Organismus. Die Knochen des weiblichen Skeletts sind im allgemeinen dünner und zarter, was daher kommt, daß hier das Wachstum früher beendet wird, entsprechend der etwas früheren Reife als beim männlichen Geschlecht. Dafür tritt in dieser Zeit Ablagerung von Fett im Unterhautgewebe auf, dessen Bedeutung als Reservestoff mit den schon angedeuteten Unterschieden des Stoffwechsels zusammenhängt.

Im einzelnen fällt von Unterschieden im Knochenbau und damit der äußeren Körpergestalt auf, daß meistens beim weiblichen Geschlecht der Oberkörper verhältnismäßig länger und die Beine „zu kurz" sind. Ferner besteht das breitere Ausladen der Hüften, zu welchem außer dem spitzeren Winkel zwischen Oberschenkelknochenkörper und -Hals, bzw. der mehr wagerechten Stellung des letzteren, wir können wohl sagen, im Zusammenhang mit dieser, vor allem der Unterschied in der Form des knöchernen Beckens beim Weibe und beim Manne beiträgt. Dasjenige des Mannes ist höher und schmäler, mehr zylindrisch, dasjenige des Weibes mehr kegelförmig, niedriger und breiter. Die innere Öffnung des Beckenringes ist beim Manne mehr kartenherzförmig, beim Weibe mehr elliptisch; hier fehlt das von hintenher hereinragen des sog. Vorgebirges zwischen Lendenwirbelsäule und Kreuzwirbeln in die Öffnung. Diese Unterschiede entsprechen der Funktion; die Beckenhöhle hat beim Weibe dem in der Schwangerschaft sich füllenden und gewaltig erweiternden Fruchthalter Platz zu lassen und vor allem dem Kinde und dessen umfangreichsten und widerstandsfähigsten Teile, dem Kopf, bei der Geburt den Durchtritt durch die Öffnung des Beckenringes zu gestatten. Beim Manne ist davon nicht die Rede.

Auch der knöcherne **Brustkorb** hat beim Weibe eine etwas abweichende, nach unten weniger sich öffnende, sondern mehr faßförmige Gestalt, an deren besonderer Ausbildung bei den Kulturvölkern freilich die Sitte oder Unsitte des Schnürleibs beteiligt sein mag. Was den knöchernen **Schädel** betrifft, so haben wir bei vielen Säugetierarten Erhebungen und Auswüchse, welche Hautdeckenbildungen, die da verhornen, zur Unterlage dienen; beides ist beim männlichen Geschlecht entweder ausschließlich vorhanden oder so viel stärker ausgebildet, daß das „**Gehörn**“ oder „**Geweih**“ als Waffe dienen kann, besonders bei den geschlechtlichen Werbungskämpfen zur Brunstzeit. Ähnliche einseitige Ausbildung beim männlichen Geschlecht besteht vielfach für die **Eckzähne**, die als Stoßzähne oder Hauer zu Waffen werden; damit im Zusammenhang ist die Ausbildung der Kiefer verschieden. Noch bei niederen Affen, so beim Pavian, ist solch ein Unterschied ausgesprochen.[1]) Dagegen unterscheidet sich das Kopfskelett der beiden Geschlechter beim **Menschen** nur dadurch, daß der **weibliche** Schädel früher seinen Wachstumsabschluß erreicht und **absolut** gemessen (es braucht nicht auch relativ zum Gesamtkörper zu sein) **kleiner** ist als der männliche. Dagegen ist das Knochengerüst des **Gesichts** beim Weibe auch **relativ** kleiner, so ist das Gesicht schmäler und niedriger: Kiefer und Kinn treten zurück, die Stirn mehr hervor; kurz die ganze Kopf- und Gesichtsbildung ähnelt beim erwachsenen Weibe mehr dem Typus des Kindes als beim erwachsenen Manne.

Rechnen wir den Einfluß der besprochenen Skelettunterschiede und die meist geringere Entwicklung der Muskulatur, dafür stärkere Ausbildung des Unterhaut-**Fettpolsters** zusammen, so ergibt sich daraus leicht der **Gesamtunterschied** der äußeren **Körperformen**, der durch weichere, gerundetere Linienführung, schmäleren Oberkörper, dafür mehr ausladende Hüften, zierlichere Kopfform mit weniger starken Kiefern, kleineren Mund und kleinere Nase usw. beim Weibe gegenüber dem Manne ausgezeichnet ist.

Weiterhin ist die weibliche **Haut** zarter und die **Behaarung** ist anders verteilt; das Kopfhaar ist länger beim Weibe, dafür fehlt das Barthaar, das dem Manne allein eigen ist. Meist hat nur dieser am

1) Weiteres über Geschlechtsunterschiede der Tiere s. bei **Knauer**, Zwiegestalt der Geschlechter in der Tierwelt (ANuG Bd. 148).

Rumpf und den Extremitäten mehr als bloßes Flaumhaar, abgesehen von Achselhaaren und Schamhaaren, welche letztere beim Weibe tiefer und geradlinig abschneiden. Es würde zu weit führen, an dieser Stelle auf entsprechende Unterschiede bei Tieren einzugehen — auf gewisse Unterschiede der Schmuckbildungen und -farben, von denen schon kurz die Rede war, wird bei der Psychologie der Werbung zurückzukommen sein.

Recht auffällig ist der Unterschied in der Ausbildung der Stimmorgane, die in der Kindheit völlig fehlt und mit der Pubertät dadurch eintritt, daß beim männlichen Geschlecht gewissermaßen ruckweise starkes Wachstum der Kehlkopfknorpel, damit Vergrößerung der Dimensionen der Teile der „Polsterpfeife" eintritt, als die sich der Kehlkopf nach neueren Untersuchungen darstellt.[1] Hand in Hand damit tritt Veränderung des Stimmklangs und Vertiefung der Stimmlage ein („Mutieren"), die dazu führen, daß die männliche Stimme eine ganz andere Klangfarbe hat als die weibliche, sowie daß die entsprechenden Register (mehr Diskant, mehr Baß oder mehr Mittellage) beim Manne um eine Oktave und mehr abwärts verschoben sind gegenüber dem Weibe: Tenor liegt etwa wie Alt usw.

Auch die übrigen inneren Organe weisen weitgehende Geschlechtsunterschiede auf: Herz und Blutgefäße sind beim Manne größer, weiter und dickwandiger; die Zahl der roten Blutkörper beträgt beim Manne durchschnittlich 5 Millionen, beim Weibe 4,5 Millionen im Kubikmillimeter. Die Pulszahl beträgt je nach Körperlänge usw. beim Manne 56 bis 84, beim Weibe 66 bis 94 in der Minute (von Säugetieren hat man beim Löwen 40, bei der Löwin 68, beim Widder 68, beim Mutterschaf 80 gemessen). Vom Gewicht bei der Geburt ab wächst das Gewicht der inneren Organe bis zur völligen Ausbildung bei beiden Geschlechtern verschieden stark, nämlich nach Oskar Schultze:

	beim Mann	beim Weib
Körpergewicht um das	19,9 fache	17,0 fache
Gehirn ...... " "	3,7 "	3,0 "
Lungen...... " "	18,1 "	17,6 "
Herz .... " "	13,0 "	11,1 "
Leber .... " "	11,9 "	10,2 "
Nieren ...... " "	13,9 "	12,5 "
Milz .... " "	14,8 "	16,1 "

Nur die Milz macht also eine Ausnahme.

1) Man faßte ihn früher als „membranöse Zungenpfeife" auf.

Das Gehirn des Weibes ist, wie gesagt, wohl absolut, aber nicht relativ kleiner als dasjenige des Mannes. Übrigens herrscht über die Durchschnittswerte (nach Hartmann für Erwachsene zwischen 15 und 89 Jahren im Mittel 1355, bzw. 1223 g) und deren Zunahme keine völlige Übereinstimmung, ebenso wie über die Berechnungsweise des relativen Gewichts: ob man Körpergewicht, Körperlänge oder Körperoberfläche zugrunde legen muß, und aus welchen Gründen, das sind derzeit Streitfragen, auf die hier nicht näher eingegangen werden kann.

Geschlechtsunterschiede in bezug auf Ausbildung der Furchen und Windungen des Gehirns sind behauptet worden, aber mit Vorsicht zu beurteilen. Es gilt dies auch für die behauptete Beziehung zwischen dem geringeren Hirngewicht und angeblich geringerer geistiger Leistungsfähigkeit des Weibes: diese Unterschiede, auf die wir später zurückkommen werden, sind wohl mehr qualitativ, oder betreffen die zeitliche Verteilung als absolut quantitativ.

Wahrscheinlich gilt für sie etwas Ähnliches wie für die körperlichen, d. h. den Stoff- und Kraftwechsel, deren Größe die heutige Experimentalphysiologie zu messen gelehrt hat, den Stoffwechsel nach verbrannter Kohlen- und Wasserstoffmenge, resp. erzeugter Kohlensäure nebst Wasser, sowie zersetztem Eiweiß, den Kraftwechsel nach umgesetzten Kalorien und geleisteten Meterkilogrammen.

Nach den Ergebnissen solcher Untersuchungen hat im Kindesalter der Stoff- und Kraftwechsel gleiche Intensität bei beiden Geschlechtern, höchstens mit dem Unterschiede, daß seine Zunahme entsprechend derjenigen der Körperabmessungen bei Knaben rascher stattfindet als bei Mädchen. Mit dem Eintritt in die Geschlechtsreife kann man feststellen, daß beim Manne die Intensität des Gaswechsels, damit Hand in Hand diejenige aller Funktionen weiter zunimmt, wenn auch weit langsamer als im Wachstum, um mit 30 Jahren den Höhepunkt (Reifezustand) zu erreichen, der bis zum 50. Lebensjahre etwa andauert, um dann einer sehr allmählichen Abnahme der Funktionsstärke Platz zu machen, die etwa derjenigen der Geschlechtsfunktionen gleichläuft, die ja im sechsten Jahrzehnt abnehmen, aber oft bis ins siebente und gelegentlich noch länger sich erhalten können. Ganz anders beim weiblichen Geschlecht. Hier hält sich der gesamte Stoff- und Kraftwechsel, also der Gaswechsel, der Eiweißumsatz, die geleistete Muskelarbeit mit Eintritt der Geschlechtsreife auf niedrigerer Höhe als beim männlichen Geschlecht; sie beträgt im Durchschnitt etwa zwei Drittel des bei letzterem zutreffenden Mittelwertes. Dies gilt für die Zeit der Geschlechtsruhe. Schon eine Eilösung ohne Befruchtung, verbunden mit der Menstruation, bringt eine Schwankung der Funktionen. Bei der Schwangerschaft aber kommt es zu bedeutender Steigerung. Die Substanz des Fruchthalters, besonders seine Muskulatur nimmt gewaltig zu. Dem Embryo wird durch Vermittlung des mütterlichen Kreislaufes und der Plazenta all das viele zu seiner raschen Entwicklung notwendige Material geliefert, einschließlich der Zufuhr von Sauerstoff; die Schlacken, vor allem die Kohlensäure werden abgeführt. Es bedeutet das für den mütterlichen Organismus eine gewaltige Zunahme der funktionellen Belastung, die im Stoffwechselversuch dahin zutage tritt, daß der Gesamtwert im Durchschnitt der Schwangerschaftsdauer den Wert beim Manne nicht nur erreicht, sondern übertrifft! Auch während des Säugens ist der Umsatz erhöht. Wenn wir also die Zwischenpausen von der Entwöhnung eines Kindes bis zur Empfängnis des nächsten nicht groß einsetzen, wie es bei hoher ehelicher Fruchtbarkeit der Fall sein wird, so kommt ein mittlerer Wert der Funktionsintensität des weiblichen Organismus — freilich, wenn man so will, unter Einrechnung der Leibesfrucht — heraus, der dem des Mannes wohl etwa gleichkommt, nur daß er nicht in etwa geradliniger Kurve, sondern mit Schwankungen über und unter den Werten beim Manne verläuft!

Das ändert sich nun, man könnte fast sagen, mit einem Schlage, jedenfalls binnen sehr kurzer Zeit beim weiblichen Geschlecht, indem Ende der vierziger bis Mitte der fünfziger Jahre die Funktionen seines Geschlechtsapparates erlöschen. Es ist das je nach Klima, Rasse und Individualität verschieden, ebenso wie bekanntlich die Geschlechtsreife auch (und zwar bei beiden Geschlechtern) verschieden früh eintritt — in mehr tropischen Klimaten weit früher als in mehr polaren — bei verschiedenen Menschenrassen verschieden früh, bei der städtischen Bevölkerung im allgemeinen früher als bei der ländlichen. Im allgemeinen, nicht immer auf das Einzelwesen zutreffend, entspricht früherem Eintreten der Geschlechtsreife auch früheres Aufhören der Sexualfunktion beim Weibe — d. h. also Unregelmäßigwerden und schließliches Ausbleiben der Ovulation und Menstruation —, daher Menopause, auch Klimakterium genannt.

Mit dieser Zeit beginnend findet eher ein gewisses Ansteigen des Gesamtstoffwechsels statt, und zwar so, daß in den höheren fünfziger und den sechziger Jahren die Kurve bei beiden Geschlechtern etwa gleichläuft. Man hat beim Weibe nach der Menopause zugleich mit der Rückbildung der Geschlechtsorgane auch vielfach eine Annäherung gewisser äußerer und psychischer Merkmale an den Mann gefunden; man hat anderseits von gewissen Störungen, die den beim Weibe mit dem Klimakterium oft verbundenen (Wallungen, Kopfschmerzen, Geistesstörungen) entsprechen sollen, beim alternden Manne gesprochen. Sicher ist, daß im höheren Alter nach dem natürlichen Tode hin die Geschlechtsmerkmale immer mehr zurücktreten, was eben darauf hinweist, daß die außerwesentlichen alle von den wesentlichen, d. h. dem Vorhandensein und Funktionieren der Keimdrüsen abhängen. Wie dieser Zusammenhang ist, das hat uns die Pathologie der Mißbildungen und Ausfallserscheinungen gelehrt, sowohl der natürlich vorkommenden als auch derjenigen, die der Mensch an Tier und Mensch absichtlich, sei es zu kultischen oder sozialen Zwecken oder endlich neuerdings zur experimentellen Erforschung, künstlich hergestellt hat.

Vierter Abschnitt.

Beobachtungen bei Ausfall der Keimdrüsen und Entwicklungsstörungen im Genitalgebiet. Kastrationsfolgen. Zwittertum. Gegenseitige Beziehungen kontinuierlicher und periodischer Funktionen. Nervöse und chemische Korrelation. Wesen und Bedeutung der inneren Sekretionsvorgänge.

Von natürlichen Mißgestaltungen hat das Zuviel von jeher besonderes Interesse erregt. Tiere und Menschen, die Geschlechtsteile von beiderlei Art zeigen, hat schon das Altertum beobachtet, beschrieben und auch zum Gegenstand künstlerischer Darstellung gemacht. „Hermaphroditismus" im vollkommensten Sinne des Worts kann, wie wir schon gesehen haben, bei wirbellosen Tieren ein regelmäßiges Vorkommen sein — so bei den Schnecken, deren Begattung doppelt und gegenseitig stattfindet.

Von echtem Hermaphroditismus können wir, indem wir als wesentliche Geschlechtsmerkmale nur die Keimdrüsen ansehen, nur dann reden, wenn an demselben Individuum männliche und weibliche Keimdrüsen vorhanden sind. Bei manchen Säugetieren sind derartige Fälle nicht selten; so hat man beim Schwein (Abb. 30)

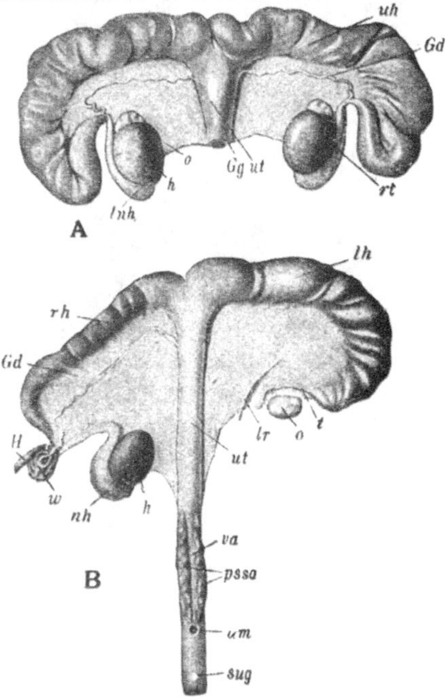

Abb. 30. Geschlechtswerkzeuge bei Fällen von echtem Zwittertum am Schwein. Bei A ist beiderseits ein aus Hoden *h* und Eierstock *o* zusammengesetztes Doppelgebilde vorhanden; *ut* Uterus, *uh* Uterushorn, *lnh* linker Nebenhode, *rt* rechter Eileiter, *Gd* Gartnersche Gänge. Bei B ist rechts ein Hode *h* mit Nebenhoden *nh*, links ein Eierstock *o* mit Eileiter *t* sichtbar; *rh* rechtes, *lh* linkes Uterushorn, *ut* Uterus, *Gd* Gartnerscher Gang, *lr* rundes Mutterband Nach Pick.

deren genügend sammeln können, und zwar sowohl solche, wo nur auf der einen Seite ein Eierstock, sei es ganz isoliert, sei es in Verbindung mit einem mehr oder weniger zu Tube und Uterushorn ausgebildeten Müllerschen Gang, vorhanden ist, auf der anderen Seite dagegen ein Hode, sei es isoliert oder bei gleichzeitigem Vorhandensein von Tube und Uterushorn oder endlich zusammen mit einem mehr oder weniger verkümmerten Wolffschen Gang — als auch solche, wo beiderseits beide Arten von Keimdrüsen vorhanden sind, oft zu einem drüsenartigen Gebilde („Ovotestis") vereinigt. Man redet hier von hermaphrodilismus verus lateralis bzw. bilateralis. Beim Menschen ist echtes Zwittertum sehr selten. Sicher nachgewiesene und wissenschaftlich erforschte Fälle gibt es zurzeit 4 bis 5, von denen diejenigen von Simon (operiert von Garré) und von Salén besonders interessant sind, insofern hier mindestens einerseits ein als Ovotestis zu bezeichnendes Gebilde bestand, dessen Längsschnitt die Ausbildung des einen Anteils als Hoden mit Samenkanälchen, des anderen als Eierstock mit Graafschen Follikeln deutlich erkennen ließ (Abb. 31).

Die äußeren Geschlechtsteile zeigen hier den Anblick, wie er sich durchschnittlich auch in der Mehrzahl der als menschliche Zwitter be-

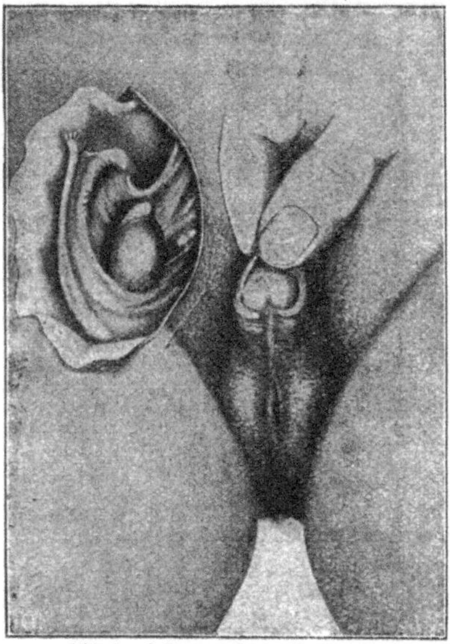

Abb. 31. Fall von echtem Zwittertum beim Menschen.

schriebenen Fälle darstellt, die in Wirklichkeit als falscher oder Pseudohermaphroditismus (Scheinzwittertum) zu bezeichnen sind, — d. h. es ist in Wahrheit nur eine Art Keimdrüsen, Hoden oder Eierstöcke, vorhanden, dagegen zeigen die äußeren Geschlechtsteile Bildungen beiderlei Art, oft so, daß der Anschein dem Geschlechte der vorhandenen Keimdrüsen zuwiderläuft und sog. Geschlechtsirrtümer veranlaßt (Abb. 32); es kann bei vorhandenen Ovarien ein mächtiges Glied ausgebildet sein, meistens freilich hypospadisch (s. S. 45) — weiblicher Pseudohermaphroditismus —, oder es kann bei vorhandenen Hoden, die oft in den wie große Schamlippen erscheinenden Geschlechtswülsten liegen oder gar nicht herabgestiegen sind, die Harn- und Geschlechtsbucht selbst mit sehr verkümmerten Müllerschen Gangresten verbunden sein — männlicher Pseudohermaphroditismus —, so daß Scheide, kleiner Uterus, kleine Schamlippen und Bildung einer weiblichen Scham zu erkennen sind, die freilich meistens eine vergrößerte gliedartige Klitoris zeigt, doch kann letzteres auch fehlen und der Geschlechtsirrtum dann doppelt erklärlich sein!

Natürlich wird der Pseudohermaphroditismus die übrigen außerwesentlichen Geschlechtsmerkmale mit umfassen können, so daß mit Vorhandensein von Ovarien verkümmerte Brüste und männlicher Körperbau, mit dem Vorkommen von Hoden ausgebildete Brüste und weiblicher Körperbau vergesellschaftet sind. Es kann aber der Gesamttyp, zu dem ja auch Kehlkopf- und Stimmausbildung (s. S. 49) viel beitragen, auch dem falschen Anschein der äußeren Geschlechtsteile widersprechen und mit dem Charakter der Keimdrüsen übereinstim-

Abb. 32. Männlicher Scheinzwitter. Links: als Mädchen erzogen und gekleidet. Rechts: als Mann umgekleidet und umgetauft.

men. So entsteht die ganze Stufenleiter dessen, was man als geschlechtliche Zwischenstufen bezeichnet (Abb. 32), wobei natürlich auch die Psyche, die Richtung des Geschlechtstriebes usw. eine wesentliche Rolle spielen; wir werden hierauf später im Zusammenhang der Betrachtungen über Sexualfunktion und Seelenleben kurz eingehen.

Mit oder ohne Mißbildung hermaphroditischen Charakters kommen Hemmungsbildungen der Keimdrüsen und mit ihnen zusammen des gesamten Geschlechtsapparats vor: sog. Kinderzustand ist beim weiblichen Geschlecht nicht allzuselten und braucht nicht besserungsunfähig, auch nicht direkt mit allgemeineren Funktionsstörungen verbunden zu sein, während Hemmungsbildung der männlichen Keimdrüsen, besonders häufig mit Kryptorchismus (ausgebliebenem Herabsteigen der Hoden) vereinigt, meist mit sonstigen Mißbildungen und Blödsinn (Idiotie) geringeren oder höheren Grades verbunden ist.

Künstliche Aufhebung der Geschlechtsmerkmale ist zu Zucht- und Kultzwecken bei Tier und Mensch seit alters vorgenommen worden, vorwiegend freilich die Wegnahme der Hoden, die Kastration der männlichen Individuen.

Man fand, daß die Wildheit des Hengstes, Stieres und Widders dadurch vermieden wird, man fand das Fleisch der Ochsen und Kapaune zarter und fetter; beim Menschen waren es „praktische", kultische oder sektierendem Fanatismus entsprungene Rücksichten, in barbarischen Zeiten auch die Absicht, die im Kriege Besiegten an der Fortpflanzung zu hindern. Kastrierung der Frauen durch Wegnahme der Eierstöcke soll bei sog. wilden Völkern ebenfalls zu Zwecken der Empfängnisverhinderung erfolgt sein oder noch erfolgen. In zivilisierten Ländern ist es ein erst in neuesten Zeiten als gelegentlich notwendiger ärztlicher Eingriff ausgeübtes Verfahren.

Die Folgen der Kastration haben bei beiden Geschlechtern etwas Verwandtes und unterscheiden sich naturgemäß, je nachdem in welchem Alter das kastrierte Individuum steht. Der Tierversuch erlaubt auf diesem Gebiet genaueste Beobachtungen.

Das kastrierte männliche Individuum, mag die Kastration nun in früher Kindheit oder erst später vorgenommen sein, erfährt charakteristische Änderungen seines äußeren Aussehens, es wird weniger eckig, fettreicher, die Behaarung, insbesondere der Bart dürftiger oder fehlt ganz. Frühkastraten sind von großer Gestalt, die Knochen zarter, aber, insbesondere die Röhrenknochen der Extremitäten, länger, die Stimme mutierte nicht, sondern blieb hoch und weiblich. Das Glied blieb klein, indessen kann Geschlechtstrieb, Erektion und Ejakulation von Prostatasekret auftreten, ebenso wie der Trieb und seine Betätigung nach doppelseitiger Hodenentfernung, die in späteren Jahren, etwa wegen Tuberkulose, vorgenommen wurde, nicht ganz zu erlöschen braucht: allerdings läßt man jetzt meist etwas Hodengewebe zurück. Kastrierte männliche Tiere unterscheiden sich bekanntlich psychisch bedeutend von geschlechtsfähigen, die Wildheit, Impulsivität und Selbständigkeit ist herabgesetzt. Entsprechendes wird ja von kastrierten Männern behauptet, worauf später im Zusammenhang einzugehen wäre. Im allgemeinen kann man aber sagen, daß bei männlichen Individuen nach Wegnahme der Keimdrüsen, wenn dies vor Pubertätseintritt erfolgt, die Ausbildung aller außerwesentlichen Geschlechtsmerkmale gehindert oder gehemmt wird, und wenn es nach Pubertätseintritt erfolgt, dieselben sich z. T. zurückbilden, ebenso, wie es im Alter nach Aufhören der Keimdrüsenfunktion statthat; in noch viel höherem Maße gilt dieser Vergleich für das weibliche Geschlecht: frühzeitige doppelte Eierstockentfernung bei ganz jungen Tieren bewirkt, daß Uterus, Scheide und äußere Geschlechtsteile sich nicht weiter entwickeln, sondern im kindlichen Zustande verbleiben. Natürlich bleiben dann Ovulation und Menstruation zeitlebens aus; die Brüste entwickeln sich nicht, und wie Empfängnis, Schwangerschaft und Geburt nicht stattfinden kann, so liefern sie niemals Milch. Erfolgt die Kastration zu Zwecken der Heilung oder Verhütung von Krankheitszuständen im geschlechtsreifen Alter des Weibes, so hören die Regeln natürlich alsbald auf; dafür soll es zu Allgemeinstörungen — psychischer Art, Wallungen usw. — kommen können, wie sie dem Beginn des Klimakteriums eigen sind (s. S. 52). Also mit einem Wort: die Erfahrungen über Mißbildungen und Kastration weisen darauf hin, daß die Ausbildung und Erhaltung aller übrigen Geschlechtsfunktionen, resp. Merkmale von der anatomischen und funktionellen Unversehrtheit der Keimdrüsen abhängen.

Welches ist nun der innere Mechanismus dieses Zusammenhangs? In den sechziger Jahren des letzten Jahrhunderts hat man, da besonders in den Kreisen der deutschen Physiologen und Ärzte die Beschäftigung mit den Funktionen und der Bedeutung des Nervensystems in den Vordergrund des Interesses zu rücken begann, daran gedacht, daß auch hier nervöse Einflüsse vorwalteten, zumal man damals noch vielfach an die Existenz besonderer der Ernährung der Organe vorstehender sog. trophischer Nerven glaubte.

Nun scheint aber die nervöse Verknüpfung der Funktionen voneinander getrennter bzw. entfernter Organe im allgemeinen doch nur dort besonders wichtig zu sein, wo es auf Zeitgewinn ankommt, wie im Leben der schnellen Beziehungen zur Außenwelt: Vermittlung zwischen Bewegung und Empfindung: Reizaufnahme, Erregungsübertragung durch Nerven zu den Organen des sofort gewünschten „Reizerfolges“ — Muskeln und Drüsen. Wo es auf langsamere und vor allem gleichmäßig andauernde Beziehungen der Organe ankommt, wie bei der Zufuhr der Nährstoffe und Abfuhr der Schlacken, da genügen dem mechanischen Transport fester, flüssiger und gasförmiger Stoffe dienende Röhrensysteme, wie das Blut- und Lymphgefäßsystem, der Darmkanal, die der Atmung dienenden Einrichtungen usw., im Zusammenhange mit chemischen Vorgängen, wie sie die Grundlagen der Atmung und Verdauung darstellen. Nun, solche chemischen Vorgänge, vor allem die Wirkungen der sog. Fermente, können schon recht schnell verlaufen (hohe Reaktionsgeschwindigkeiten) und, wenn die wirksamen Stoffe im Blut- und Lymphkreislauf mechanisch fortgetragen werden, „chemische Wechselbeziehungen der Organe" herstellen, die für viele „Zwecke der Natur", wenn wir uns einmal so ausdrücken wollen, schnell genug funktionieren. Vermutet hat man solche Wechselbeziehungen schon in früheren Jahrhunderten, bewiesen wurden sie erst in den letzten Jahrzehnten, und zwar, was uns hier besonders interessiert, gerade auf Grund von Erfahrungen der Geschlechtssphäre.

Der französische Physiologe und Arzt Brown-Séquard machte in den achtziger Jahren Versuche über die Wirkung der Einspritzung von Hodenextrakten und glaubte an sich selbst allgemein kräftigende und verjüngende, insbesondere auch den Geschlechtstrieb anregende Wirkungen solcher Einspritzungen zu verspüren. Diese Versuche wurden von anderen nachgemacht und weiter fortgeführt; bei der leichten Entzündbarkeit der Einbildungskraft und der Begeisterung, die unsere westlichen Nachbarn auszeichnet, kam es zu Übertreibungen nicht nur hinsichtlich der ärztlichen Verwertung der Extrakte der Keimdrüsen, sondern auch allgemeinerer Anwendung der Organotherapie, die an die „Dreckapotheke" früherer Jahrhunderte auf der einen Seite, an die Ungereimtheiten der Hahnemannschen Homöopathie auf der anderen erinnern. Und doch lag den betreffenden Überlegungen, vor allem aber den Arbeiten Brown-Séquards selbst ein richtiger Gedanke zugrunde, der, zwar schon in früheren Zeiten aufgetaucht, mangels experimenteller Beweisführung nicht hatte Wurzel fassen können: durch die Franzosen verkündet und durch Experimentalforscher aller Länder aufgenommen, hat dieser Gedanke, man könnte fast sagen, zauberschlagartig eine Eröffnung des Verständnisses der Funktion bisher rätselhafter Organe sowie der Wechselbeziehungen der Organe im Körper uns vermittelt: es ist die Vorstellung, daß die Organe Produkte ihres Stoffwechsels ins Blut hinein abscheiden, so wie eine Drüse deren nach außen, resp. in Hohlorgane wie den Darm usw. abscheidet, und zwar Produkte, welche wichtige Einwirkungen auf den Gesamtbetrieb wie auf die Funktion bestimmter Organe ausüben. Das Studium dieser „inneren Sekretionen", wie sich die Franzosen ausgedrückt haben, hat einen ungeheuren Umfang und eine ungeahnte Bedeutung gewonnen, und noch ist seine Weiterausdehnung nicht abzusehen.

Wir dürfen jetzt annehmen, daß die Funktion gewisser Organe, die drüsenartigen Bau, aber ohne Ausführungsgänge nach außen zeigen, geradezu darin besteht, solche für gewisse Funktionen bedeutungsvolle Stoffe (seit gewissen Arbeiten Starlings, auf die wir bald zurückkommen, nennen wir sie geradezu „Reizstoffe" oder nach Starling „Hormone", ὁρμάω ich reize) zu produzieren und, sei es dauernd, oder wohl noch öfter (gerade wie die Verdauungsdrüsen, Schweißdrüsen usw. ihre äußeren Sekrete) zu bestimmten Zeiten und Zwecken, abzugeben.

Man hat diese Verhältnisse an den Folgen der Entfernung der betreffenden Organe sowie den Wirkungen der Einspritzung von aus ihnen hergestellten Auszügen studiert: Entfernung beider Nebennieren, Entfernung der Schilddrüsen und Nebenschilddrüsen ist mit dauernder Erhaltung des Lebens unvereinbar. Die Nebennieren enthalten einen Stoff, dessen chemische Zusammensetzung genau erforscht ist, und den man sogar künstlich hat darstellen können, das Adrenin (Adrenalin, Suprarenin), von dem die Einspritzung einer winzigen Menge in das Blut genügt, um eine starke Zusammenziehung der Gefäßwand, damit Blutarmut der betreffenden Körpergegend und eine allgemeine Steigerung des Blutdruckes zu bewirken. Die Schilddrüse, ein schon lange viel umstrittenes Organ, von dem eine „innere Ausscheidung" auch einst von dem holländischen Anatomen Ruysch behauptet war, und dessen Studium nach den Veröffentlichungen Brown-Séquards mit doppeltem Eifer wieder aufgenommen wurde, produziert eine „kolloide" (leimartige) Masse, deren Hauptbestandteil ein jodhaltiger Eiweißkörper ist, und gibt diese an das Blut ab. Ausfall der Schilddrüsenfunktion führt zu schweren Ernährungsstörungen, Stillstand der Entwicklung bei jungen Individuen, Hemmung der Nervenfunktionen und des Seelenlebens. Organe mit ähnlicher innersekretorischer Funktion sind der Hirnanhang und bei jungen Individuen die Thymusdrüse.

Fünfter Abschnitt.

Die innere Sekretion der Keimdrüsen. Wirkung der Kastration und Organotherapie auf den Stoffwechsel. Die Funktion des gelben Körpers. Die Milchdrüsensekretion und Starlings Hormone. E. Steinachs Versuche über die Abhängigkeit der außerwesentlichen Geschlechtsmerkmale von der Sekretion der interstitiellen Drüsen (Pubertätsdrüsen).

Dafür, daß nun in der Tat auch den Keimdrüsen solche innersekretorische Funktionen zukommen, sprechen viele Beobachtungen, die seit den siebziger Jahren über Kastrationsfolgen besonders bei Kindern und jungen Tieren gemacht worden sind; wie schon erwähnt, entwickeln sich bei weiblichen Individuen nach Wegnahme der Ovarien die übrigen Geschlechtsorgane nicht weiter, sondern bleiben im kindlichen Zustande. Rechnet man hinzu, daß der Uterus usw. nach der Menopause sich zurückbildet, daß bei Tieren nach Ausschneidung nur eines Eierstockes die Brunst wiederkehrt, nach doppelseitiger aber dauernd ausbleibt und Zurückbildung des Uterus eintritt — ganz ebenso auch beim menschlichen Weibe, so kann nervöse Wechselbeziehung, wie man früher wollte, diese Zusammenhänge nicht erklären. Ende vorigen Jahrhunderts fanden zudem P. F. Richter und A. Loewy in Berlin, daß durch Kastration bei Tieren beiderlei Geschlechts der respiratorische Gaswechsel stark vermindert wird, was dem Fettansatz entsprechen würde, den man bei Kastraten ja beobachtet. Künstliche Zufuhr von (Hoden- oder) Eierstocksubstanz erhöhte den Stoffwechsel: also ähnlich, wie die Wirkungen des Fortfalls oder der Unzulänglichkeit der Schilddrüsenfunktion bei gewissen Kröpfen usw. durch Einspritzung oder Verfütterung von Schilddrüsensubstanz gebessert werden können. Andere Autoren haben eine besondere Beeinflussung des Kalk- und des Phosphorstoffwechsels durch die Kastration einerseits, durch Zufuhr von Keimdrüsensubstanz anderseits konstatiert; Kalk und Phosphorsäure werden nun aber in unlöslicher Form in den Knochen abgelagert, und es ist sehr wahrscheinlich, daß das Längenwachstum der Knochen bei den Kastraten, ebenso wie gewisse Knochenerkrankungen des weiblichen Geschlechts, vor allem die Osteomalazie oder Knochenerweichung mit Ausfall, bzw. krankhafter Verstärkung einer innersekretorischen Funktion der Keimdrüsen zusammenhängen, d. h. der Erzeugung chemischer Produkte, welche ihrerseits auf die chemischen Vorgänge in den anderen Organen reizend, bzw. (durch ihr Fehlen) vermindernd einwirken.

Ferner haben wir gesehen, daß ein zeitlicher Zusammenhang zwischen der Eilösung und der Vorbereitung des Fruchthalters zur Einnistung des eventuell befruchteten Eies oder aber der gewissermaßen für die Geburt „vikariierend" eintretenden „menstruellen" Blutung vorhanden sein muß. Hier handelt es sich um Wechselbeziehung periodischer Vorgänge. Wir werden also fragen müssen, ob bei der Wechselbeziehung kontinuierlicher Vorgänge, wie es die dauernde Lebensfunktion der Keimdrüsen einerseits, die Entwicklung und der Bestand der Hilfs-Geschlechtsorgane anderseits ist, und bei der Wechselbeziehung periodischer Vorgänge dieselben Reizstoffe und sie innerlich abscheidenden Gewebeelemente beteiligt sind oder verschiedene; natürlich werden wir auch fragen, ob diese Zellen zu den eigentlichen Keimzellagern, die die Keimzellen liefern, gehören oder nicht, ob vielmehr etwa besondere Zellelemente für die inneren Sekretionen vorhanden sind. Beide Fragen scheinen jetzt, und zwar in beiden Beziehungen, im Sinne der Trennung entschieden.

In den letzten Jahren des verflossenen Jahrhunderts haben der Franzose Prénant und der Breslauer Embryologe Born den Gedanken ausgesprochen, daß die von uns bereits erwähnte Zellanhäufung, welche an Stelle des geplatzten Graafschen Follikels nach der Eiausstoßung auftritt und als gelber Körper bezeichnet wird, eine Drüse mit innerer Abscheidung sei, und zwar Born noch besonders, daß ihr Reizstoff die Einnistung des Eies im Fruchthalter ermögliche. Auf seine Anregung hin haben L. Fränkel und F. Cohn Tierversuche unternommen: sie fanden zunächst, daß, wenn innerhalb der sechsmal 24 Stunden, die erfahrungsgemäß beim Kaninchenweibchen zwischen Befruchtung und Festsetzung des Eies im Uterus vergehen, die Eierstöcke entfernt werden, die Festsetzung und Entwicklung des Eies mit Sicherheit verhindert wird. Sie fanden aber auch, daß die Ausbrennung sämtlicher gelber Körper mit einer glühenden Nadel denselben Erfolg hatte: ja, es fand sich, daß die Entfernung der gelben Körper sogar nach der Festsetzung des Eies vorgenommen werden kann und dann seine Weiterentwicklung hindert! Fränkel hat ferner durch Statistik an einem großen Beobachtungsmaterial von Leichen und durch Operationen gewonnenen Organen den Nachweis beigebracht, daß beim Menschen alles entsprechend verläuft: Die Eilösung findet hier in der Zwischenzeit zwischen zwei Menstruationen, etwa 18 bis 19 Tage nach dem Beginn der letzten Regel, statt: etwa 4 Tage danach ist der gelbe Körper fertig und bewirkt durch seine innere Sekretion eine Veränderung der Schleimhaut des Uterus derart, daß das inzwischen herabwandernde Ei, wenn es befruchtet war, sich einnisten kann; war es nicht befruchtet, so kommt es durch die Veränderung der Schleimhaut, die der Reizstoff des gelben Körpers bewirkt, zur nächsten Regelblutung! Zur wirklichen Einnistung des Eies ist also notwendig, daß es befruchtet wurde, daß es schon einen gewissen Entwicklungsgrad erreicht hat, in dem sich sog. Eihäute, insbesondere das Chorion mit seinen Auswüchsen oder Zotten gebildet haben. L. Loeb hat es durch Tierversuche wahrscheinlich gemacht, daß der durch diese Gebilde gesetzte mechanische Reiz eine solche Veränderung der Uterusschleimhaut — die schon erwähnte Bildung einer „hinfälligen Membran" oder Dezidua — veranlaßt, daß die Vereinigung mit den Zotten des Eies und damit die Herstellung des Verbindungsgebildes zwischen mütterlichem und kindlichem Organismus, des Mutterkuchens, stattfindet. Beim Nagetieruterus konnte er durch Einbringen von Glasröhrchen oder Einschnitte in die Wand überall das Entstehen von „Plazenten" (mütterlicher Anteil) bewirken, wenn ein lebender und in gewissem Funktionsstadium befindlicher gelber Körper vorhanden war. In einem späteren Funktionsstadium scheint nach Loebs Versuchen der gelbe Körper noch eine andere Aufgabe zu besitzen, nämlich die Lösung weiterer Eier zu verhindern, also den „östrischen Zyklus" zu verlängern. Beim Meerschweinchenweibchen folgt nämlich erfahrungsgemäß eine Eilösung (wobei sich ja mehrere Eier gleichzeitig oder bald nacheinander lösen) der vorhergehenden in einem Intervall von 18 bis 24 Tagen. Nach Entfernung der gelben Körper sah dagegen Loeb die Ovulation sich verfrühen und bereits 12 bis 17 Tage nach der vorhergehenden eintreten. Man hat der inneren Sekretion des gelben Körpers Einflüsse noch auf weitere Geschlechtsfunktionen zugesprochen:

Zunächst auf eine gleichfalls periodische, die in das Gebiet der außerwesentlichen Merkmale, resp. Funktionen gehört und eben die Brutpflege der Säugetiere betrifft. Es handelt sich um die schon oben genannten berühmten Versuche des Engländers Starling, welche diesen geradezu zur Aufstellung des Begriffes des Hormons oder Reizstoffes geführt haben. Er fand, daß völlige Entfernung der inneren Geschlechtsteile beim Kaninchenweibchen, wenn sie in der ersten Hälfte der Trächtigkeitsdauer ausgeführt wurde, zur Rückbildung der Brustdrüsen ohne Milchbildung führte; wurde die Operation dagegen in der zweiten Hälfte der Trächtigkeitsdauer ausgeführt, so ging allerdings die Vergrößerung der Brustdrüsen nicht weiter; dafür ließ sich binnen zwei Tagen Milch aus den Zitzen pressen. Es wurde also durch die Operation ein „Reizstoff" beseitigt, welcher die dem Zellwachstum in der Milchdrüse zugrunde liegenden Vorgänge in Bewegung setzt, die der Milchausscheidung zugrunde liegenden hemmt: letztere kommen erst in Gang, wenn der Nachkomme geboren ist. Da ferner beobachtet wurde, daß die länger fortgesetzte Einspritzung gewisser Bestandteile der Auszüge von Embryonenkörpern selbst bei unbegatteten Kaninchenweibchen zum starken Wachstum der Brustdrüsen mit Vorbereitung zur Sekretion führte, so nahm Starling an, daß der betreffende Reizstoff hier von der Frucht geliefert werde. Man hat aber aus anderen Versuchen geschlossen, was Starling und seine Mitarbeiter ausschließen zu können glauben, daß auch Produkte aus dem Stoffwechsel des Fruchthalters, insbesondere dem Mutterkuchen hier in Frage kämen, und man hat die Reizstoffe des gelben Körpers auch hier herangezogen.

Ja, man hat endlich dieses eigentümliche, periodisch auftretende Gebilde, dessen epitheliale Entwicklung gegen mancherlei Einwände übrigens gesichert erscheint, auch als die treibende Kraft für nicht periodische Vorgänge des Geschlechtsgebietes angesprochen: das Zurückbleiben, bzw. Zurückgehen der Ausbildung der übrigen weiblichen Geschlechtsorgane nach Entfernung der Keimdrüsen sollte mit dem Fehlen der inneren Sekretion des gelben Körpers zusammenhängen.

Dagegen spricht vor allem, daß, wenn auch nicht die volle Ausbildung, so doch entschiedenes Wachstum dieser Organe schon vor Eintritt der Geschlechtsreife stattfindet, also zu einer Zeit, wo sich noch gar keine Eier lösen und keine gelben Körper bilden. Ferner ist ja auch beim männlichen Geschlecht die Ausbildung aller außerwesentlichen Geschlechtsmerkmale von dem Erhaltensein der Keimdrüsen abhängig. Überhaupt, die Summe der bereits erwähnten Beobachtungen über die Kastrationsfolgen machen es sicher, daß es sich um Wirkung ständig erzeugter innerer Sekretionsprodukte der Keimdrüsen außer der besonderen periodischen Bildung und Funktion des gelben Körpers handeln muß.

Hier haben histologische Untersuchungen der Franzosen sowie Forschungen vorab österreichischer Biologen und Gynäkologen (Tandler und Groß, E. Steinach) wunderbares Licht verbreitet — die letzteren auf dem Gebiete der Wiedereinpflanzung und Überpflanzung von mit dem Messer ausgeschnittenen Organen, welches heutzutage ja im weitesten Sinne für Forschung und praktische Heilkunde mit bedeutendem Erfolge gepflegt wird.

Versuche, Keimdrüsen, und zwar den Hoden zu verpflanzen, sind schon vor mehr als 100 Jahren angestellt worden — ohne Erfolg —, ebenso bis in die neueste Zeit, wo es zunächst Lode und Hanau gelang, durch Einpflanzung von Hoden bei kastrierten jungen Hähnen (die Kastration durch die „Kapaunenschneider" ist meist an sich unvollständig) zu verhüten, daß der Kapauncharakter auftrat. Noch vollständiger war der Erfolg der Versuche von Foges und von Steinach: letzterer verpflanzte beide Hoden bei jungen Hähnen am selben Tier von einer Stelle an die andere und beobachtete, daß der Hahncharakter—genitale Hilfsorgane, Gefieder, Kamm, Bart, Sporen, Geschlechtstrieb — sich völlig normal entwickelte. Wurde dann — und das ist das Wichtige — der verpflanzte Hoden mikroskopisch untersucht, so fand sich, daß die samenbildenden Elemente völlig zugrunde gegangen waren und nur gewisse „interstitielle" Zellen (Zwischenzellen) (die von Leidig entdeckten und nach ihm benannten) verblieben waren, ja, gewuchert waren: etwas ganz Entsprechendes ergab sich auch für die weibliche Keimdrüse: Halban fand, daß nach Verpflanzung der Eierstöcke desselben jungen Meerschweinchens an eine andere Körperstelle Uterus und äußere Geschlechtsteile sich normal entwickelten: auch hier erwies es sich, daß die Graafschen Follikel zugrunde gehen und die Zwischensubstanz erhalten bleibt, die von den französischen Forschern schon (und zwar für die Keimdrüsen beiderlei Geschlechts) als „interstitielle Drüse" bezeichnet worden war. Durch Röntgenbestrahlung kann bekanntlich Unfruchtbarkeit erzeugt werden: Tandler und Groß zeigten, daß dabei die Keimzellen liefernden Elemente zerstört werden, die interstitiellen dagegen erhalten bleiben. Am klarsten aber ergab sich die Funktion dieser letzteren durch die merkwürdigen Versuche, welche E. Steinach in den letzten Jahren über

Verpflanzung der Keimdrüsen auf vorher kastrierte Individuen des anderen Geschlechts, vornehmlich bei Meerschweinchen und Ratten angestellt hat.

Zunächst wurden junge Männchen kastriert, was an sich die bekannten Folgen: Zurückbleiben der Entwicklung der äußeren Genitalien, Längenwachstum der Knochen, Fetterwerden usw. gehabt hätte, bzw. bei nur kastrierten Kontrolltieren auch hatte: den Versuchstieren indessen wurden die Eierstöcke von Weibchen derselben Art unter die Bauchhaut oder in die Bauchhöhle eingepflanzt. Wo sie glücklich einheilten, da geschah nun etwas Merkwürdiges: die männlichen Geschlechtsteile bildeten sich womöglich noch mehr zurück, dagegen fingen die Brustdrüsen an zu wachsen und erreichten eine Entwicklung, wie sie bei Männchen niemals, sondern nur bei Weibchen zu finden ist (Abb. 33); das Knochenwachstum und die Gestaltung der Körperform bis zum Ausgewachsensein nahm ganz die Richtung an wie beim Weibchen, so daß die Tiere schließlich ganz aussahen wie ihre Schwestern aus demselben Wurf (Abb. 34, 35, 36 und die Röntgenbilder 37, 38, 39). Ja, auch ihr ganzes Verhalten war weiblich: sie wurden von Männchen berochen und verfolgt, als ob sie Weibchen wären, und benahmen sich dabei wie solche: Steinach bezeichnet sie geradezu als feminierte, d. h. zu Weibchen gemachte Männchen; bei Tötung und Untersuchung der eingepflanzten Eierstöcke aber fand sich, daß in diesen die Keimlager (Graafschen Follikel) zugrunde gegangen waren und die interstitielle Substanz gewuchert war: in diesem Sinne kann die Feminierung also nicht auf das wesentliche Geschlechtsmerkmal im Sinne von Poll bezogen werden, denn dies ist ja zerstört, sondern nur auf die außerwesentlichen, diese aber sämtlich ohne Ausnahme: diese sind also, das ist durch diese Versuche erwiesen, offenbar durch eine innere Sekretion der interstitiellen Elemente der Keimdrüse bedingt, und zwar bei beiden Geschlechtern. Bei längerer Beobachtung der Tiere hat sich sogar gezeigt, daß der weibliche Charakter in jeder Beziehung sehr stark betont wurde: die Milchdrüsen dieser ursprünglichen Männchen entwickelten sich (ohne Schwangerschaft und den „Reiz fötaler Stoffe" (s. S. 63) so weit, daß sie junge Tiere säugen konnten, wozu sie auch besondere Neigung zeigten („Hyperfeminierung", Steinach). Steinach ist es neuerdings auch gelungen, bei kastrierten Weibchen die Hoden einzupflanzen mit dem Erfolge, daß hier das Wachs-

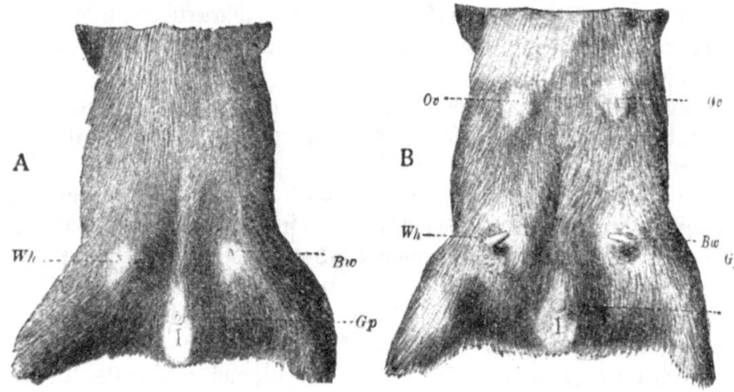

Abb. 33 A normales männliches Meerschweinchen; B Bruder desselben, durch Ausschneiden der Hoden und Einpflanzung von Eierstöcken (*Ov*) in Ähnlichkeit mit einem Weibchen übergeführt. Nach E. Steinach.
Bw Brustwarze, *Wh* Warzenhof, *Gp* Eichel des männlichen Gliedes.

Abb. 34. Meerschweinchenpaar, 5 Monate alt M Männchen, F durch Kastration und Eierstockseinpflanzung „feminierter“ Bruder. Nach E. Steinach.

tum zu männlichen Formen führte und das psychosexuelle Verhalten männlich wurde (die Tiere liefen Weibchen nach): Steinach spricht von maskulierten, d. h. zu Männchen gemachten Weibchen, was natürlich auch nur für die außerwesentlichen Geschlechtsmerkmale gilt, da die samenliefernden Elemente ja zugrunde gehen und dafür die interstitiellen Elemente wuchern: die letzteren faßt Steinach auch mit der Bezeichnung der „Pubertätsdrüsen“ zusammen, weil von ihrer innerlich sezernierenden Tätigkeit das Eintreten der Geschlechtsreife, die Entwicklung der gesamten außerwesentlichen Geschlechtsmerkmale

Abb. 35. Rattenpaar von 9½ Monaten M Männchen, F durch Kastration und Eierstockseinpflanzung „feminierter" Bruder. Nach E. Steinach.

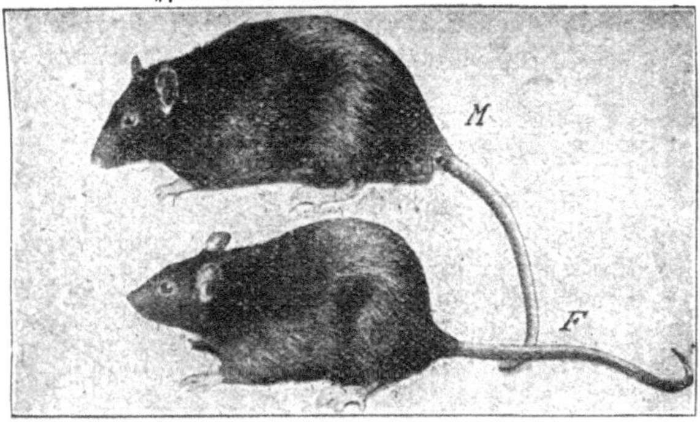

Abb. 36. Dasselbe Rattenpaar von oben betrachtet.

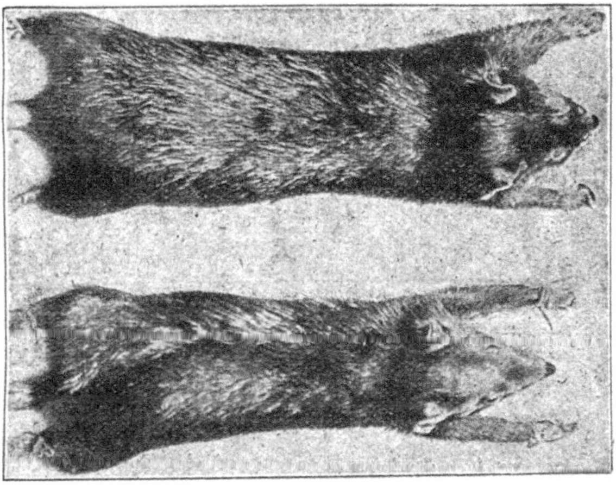

abhängt: der von uns gesuchte Mechanismus des Zusammenhangs besteht also in einer chemischen Wechselbeziehung, hergestellt durch Produkte der inneren Sekretion von Elementen, die mit den keimzellenbildenden Elementen in je einer als einheitliches Organ erscheinenden Bildung vereinigt sind.

Nun haben wir auch bei den oben besprochenen rätselhaften Organen vielfach mehrere Bildungen vereinigt, die z. T. verschiedene innere Sekrete zu liefern, z. T. auch entgiftende Funktionen zu haben oder auch nervösen Wechselbeziehungen zu dienen scheinen: Schilddrüse und

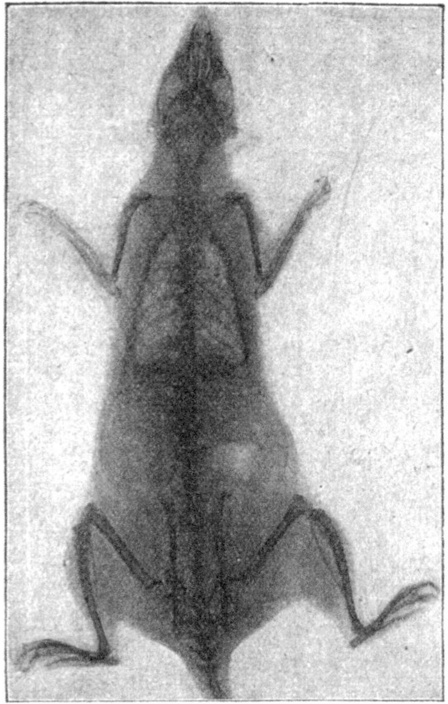

Abb. 37.
Röntgen-
aufnahmen
einer normalen
männlichen (M)
und
weiblichen (F)
Ratte
von gleichem
Wurf.

F M

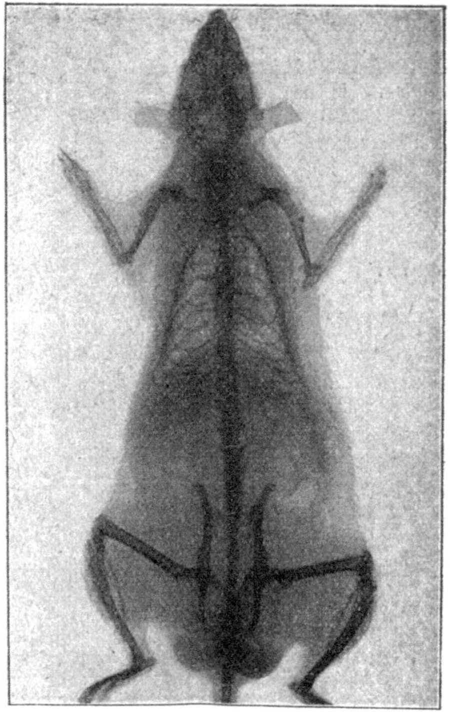

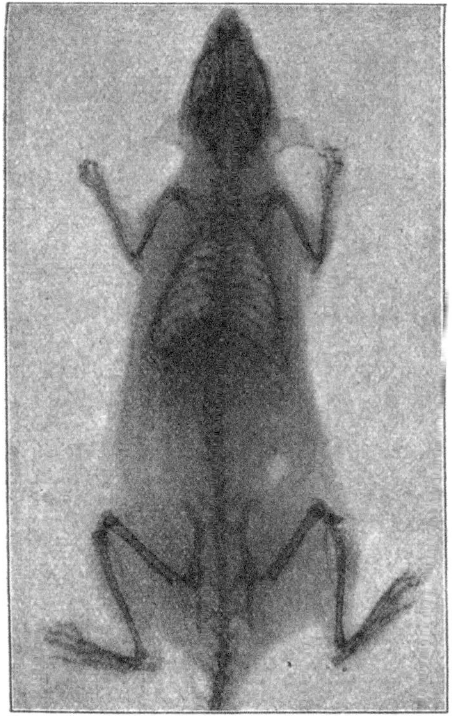

Abb. 38.
Röntgenaufnahmen einer normalen männlichen Ratte (M) und des durch Kastration und Eierstockeinpflanzung „feminierten“ Bruders (F) derselben.
Nach E. Steinach.

F M

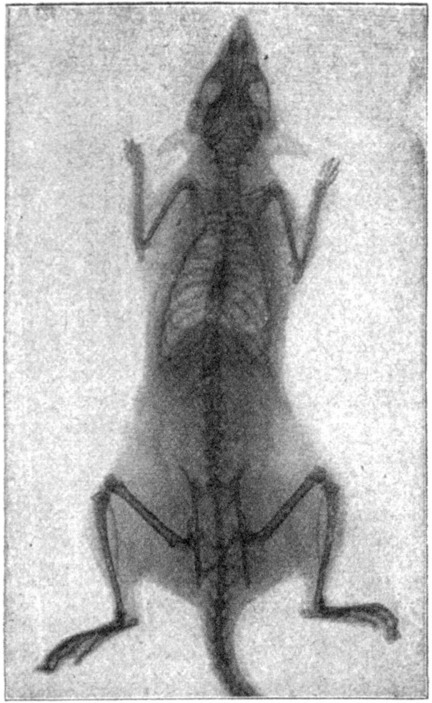

F

Abb. 39.
Röntgenaufnahmen einer männlichen, früh kastrierten Ratte (K) und des „feminierten“ Bruders derselben (F)
Nach E. Steinach.

K

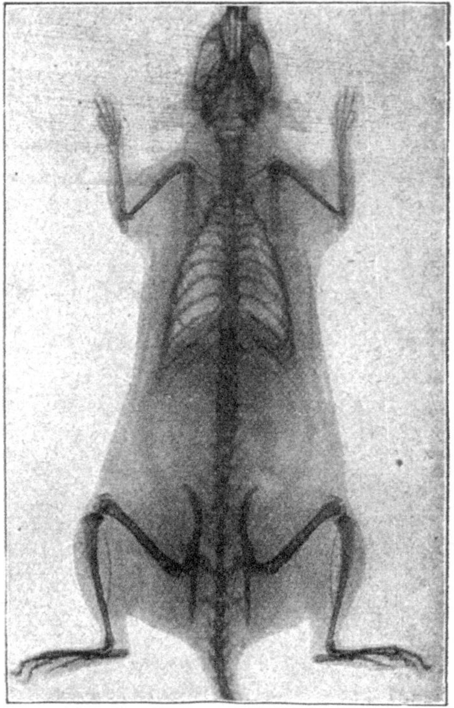

Nebenschilddrüsen — Nebennierenrinde und -Marksubstanz —, vorderer und hinterer Teil des Hirnanhangs oder der Hypophyse.

Ferner aber ist sicher nachgewiesen, daß die innerlich sezernierenden Organe zueinander in bestimmten Wechselbeziehungen stehen, z. B. so, daß ihre inneren Sekrete oder Reizstoffe auf die nämlichen Funktionen entfernter Organe entweder im gleichen Sinne wirken, so daß sie sich gegenseitig unterstützen oder verstärken können, auch bei Ausfall der einen sich ersetzen — oder aber im entgegengesetzten Sinne, so daß sie einander entgegenwirken und eine ergänzende Regelung der betreffenden Funktion ausüben können. Es wäre danach eher zu verwundern, wenn solche gegenseitigen Beziehungen zwischen den Blutgefäßdrüsen usw. und den Keimdrüsen nicht beständen: in der Tat sind sie aber vielfältig nachgewiesen und bilden bereits ein äußerst verwickeltes und aussichtsreiches Forschungsgebiet, auf dessen Einzelheiten wir hier unmöglich eingehen können. Es sei nur folgendes erwähnt:

Daß die Schilddrüse, die die allgemeine Ernährung und das Funktionieren des Nervensystems so gewaltig beherrscht, für die Geschlechtsfunktionen sehr wichtig ist, liegt nahe und ist von jeher behauptet worden auf Grund volkstümlicher wie ärztlicher Angaben über allerhand Beobachtungen, beginnend mit der angeblichen Zunahme des Halsumfangs von der ersten Ausübung der Geschlechtstätigkeit ab, bis zu den wohlerforschten Zusammenhängen zwischen Sexualstörungen und Basedowscher Krankheit (Schilddrüsenüberfunktion) einerseits und kindlichem Zustand der Geschlechtswerkzeuge bei Kropf-Blödsinn (Kretinismus) anderseits. Ebenso sind gewisse Zusammenhänge der Nebennieren- und Geschlechtsfunktionen als sichergestellt anzunehmen. Ganz besonders merkwürdig aber sind die Zusammenhänge mit zwei recht kleinen und doch sicher ungeheuer wichtigen Organen innerlich abscheidender Funktion, die mit dem Gehirn verbunden sind: Hirnanhang oder Hypophyse (glandula pituitaria), sowie Zirbeldrüse oder Epiphyse (glandula pinealis, von Ärzten früherer Jahrhunderte als Sitz der Seele angesprochen!).

Nachweislich auf Störungen der Hypophysenfunktion zurückgeführt ist die Krankheit des sog. Riesenwuchses (besonders der Extremitäten) oder „Akromegalie". Eine andere seltene Störung ist Fettsucht mit Bildungs- und Funktionshemmung des Geschlechtsapparates („Dysotrphia adiposo-genitalis"), bei der regelmäßig eine Zusammendrückung des Trichteranteils der Hypophyse durch Geschwülste

o. ä. gefunden wurde, so daß man annehmen muß, daß das innere Sekret der Blutgefäßdrüse nicht abfließen kann. Endlich hat man neuerdings in Extrakten ihres Trichteranteils Stoffe basischer Natur („Hypophysine") nachgewiesen, die wohl dem Nebennierenhormon chemisch verwandt sind; diese Extrakte erzeugen, ins Blut gespritzt, lebhafte Zusammenziehung der Uterusmuskulatur (Tonussteigerung) und werden geburtshilflich verwendet.

Von der Epiphyse oder Zirbeldrüse hat L. Foà gefunden, daß ihre Fortnahme bei jungen Tieren die Entwicklung der Geschlechtsorgane stark beschleunigt und den Eintritt des Geschlechtstriebs verfrüht. Solche Fälle kommen nun auch bei menschlichen Kindern vor, wo in zartestem Alter die Geschlechtsteile Gestalt und Größe der erwachsenen erreichen und Äußerungen lebhaften Geschlechtstriebs auftreten. In solchen Fällen ist von mehreren Forschern nach dem durch andere Krankheitserscheinungen erfolgten Tode bei der Leichenöffnung gefunden worden, daß die Zirbeldrüse durch Geschwülste usw. zerstört war. Dieses Organ muß also Reizstoffe erzeugen, welche die Entwicklung der Geschlechtsorgane und -Funktionen hemmen — also der Steinachschen Bezeichnung der interstitiellen Elemente der Keimdrüsen analog etwa als „Antipubertätsdrüse" bezeichnet werden.

Was nun aber die „Pubertätsdrüsen" selbst und die Eigenschaften der Produkte ihrer „inneren Absonderung" anbelangt, so haben wir oben erwähnt, daß Steinach vor der Einpflanzung der gegengeschlechtlichen Keimdrüse die Versuchstiere erst kastriert hat: es war dies nötig, weil sonst die Einheilung der ersteren nicht gelang, bzw. sie nicht als gegensinnige „Pubertätsdrüse" in Funktion trat und die außerwesentlichen Geschlechtsmerkmale umstimmte. Dies läßt sich nicht anders deuten als dadurch, daß zwischen Keimdrüsen, geschlechtlichen Hilfsorganen und gegensinnigen Pubertätsdrüsen eine sich hemmende, ja vernichtende Wirkung chemischer Art, ein „innersekretorischer Antagonismus" herrscht.[1]) Dieser Antagonismus würde die verhältnismäßige Seltenheit des Vorkommens von Zwittertum beim Menschen und den höheren Tieren erklären. Dies zu bestätigen und das Wesen des Hermaphroditismus, insbesondere des Scheinzwittertums und der „geschlechtlichen Zwischenstufen" (s. oben S. 55) weiter aufzuklären gelang Steinach bei weiterer Fortsetzung seiner Ver-

1) Hierfür spricht auch die Rückbildung des männlichen Gliedes beim „feminierten Männchen" (s. S. 65).

suche: bei ganz jungen männlichen Meerschweinchen, die er zuvor kastrierte, gelang es ihm, sowohl Hoden (eigene oder blutsverwandter Tiere) als auch Eierstöcke (blutsverwandter Tiere) zur Einheilung unter die Bauchhaut zu bringen, wobei die Keimlager wieder zugrunde gingen, aber „interstitielles Gewebe" beiderlei Art dauernd erhalten blieb. Die betreffenden Tiere zeigten dem männlichen Geschlechte näher kommendes Knochen- und Körperwachstum, starke Ausbildung des männlichen Gliedes, dabei aber höchstentwickelte Milchdrüsen und Brustwarzen; kurz es waren daraus künstliche Zwitter geworden, und zwar Scheinzwitter ohne ausgesprochenes Geschlecht, da ihnen ja die Keimlager als wesentliche Geschlechtsmerkmale überhaupt fehlten, bzw. geschwunden waren. Besonders interessant ist noch das psychische Verhalten gerade dieser Tiere, worauf gleich im Zusammenhange einzugehen sein wird.

Besonderes Aufsehen hat in den letzten beiden Jahren die öffentliche und vielfach weit über das zulässige Maß hinausgehende Erörterung der Ergebnisse von Versuchen erregt, die Steinach auch zunächst an Ratten im Laboratorium angestellt hat, die dann aber von Lichtenstern und anderen Ärzten praktisch auf den Menschen angewendet worden sind. Es zeigte sich bei männlichen Tieren, die alle Zeichen des Alters, wie erloschene Zeugungsfähigkeit, Kräfteverfall, runzelige Haut, Ergrauen und Ausfallen der Haare usw. aufwiesen, daß durch Unterbindung beider oder auch nur eines Samenstranges eine Veränderung des ganzen Organismus sich hervorrufen ließ, die einer „Verjüngung" entsprach: der Ernährungszustand besserte sich und die Lebhaftigkeit nahm zu, die zurückgetretenen Geschlechtsmerkmale — wesentliche und außerwesentliche — regenerierten sich, insbesondere auch die Produktion von Keimzellen seitens der Keimdrüsen. Die Tiere wurden wieder zeugungsfähig; die Nachkommen lebten und waren gesund. Auch bei weiblichen Tieren wurde etwas Ähnliches erzielt, wozu aber Überpflanzung der Eierstöcke jugendlicher Tiere nötig war. Durch Hodenüberpflanzung war anderseits auch bei gealterten Männchen die „Verjüngung" zu erreichen. Steinach nimmt auf Grund histologischer Untersuchungen an, daß in beiden Fällen die Pubertätsdrüse des gealterten Tieres zu erneutem Wachstum gebracht wird und ihr inneres Absonderungsprodukt die Wunderwirkungen der Verjüngung hervorruft. Es wurde auch angegeben, daß die Lebensdauer der Versuchstiere um einen gewissen Bruchteil der normalen verlängert werde. Allerdings tritt nach Ablauf dieser Zeit dann sehr rascher Verfall und unvermeidbarer Tod ein. Die Anwendung der „Steinachschen Operation" am Menschen, zunächst der Samenstrangunterbindung bei frühzeitig greisen Männern, ist in den letzten Jahren mehrfach erfolgt; die Urteile über die Ergebnisse lauten sehr verschieden. Von den ernstesten Forschern auf dem Gebiete der normalen und krankhaften Gewebelehre wird übrigens jetzt meistens die Bedeutung der Zwischenzellen als Pubertätsdrüse in Abrede gestellt und die gesamte Wirkung im Sinne innerer Absonderung der Keimdrüsen den Keimzellenlagern selbst zugeschrieben. Das praktische Ergebnis bliebe dadurch in denjenigen Fällen das gleiche, wo die Verjüngung durch Überpflanzung erzielt wird, wie denn auch im Anschluß an die obenerwähnten Anschauungen über das Zustandekommen der abwechselnden Richtungsäußerung des Geschlechtstriebes bei den von Steinach hergestellten künstlichen Zwittern man Homosexualität menschlicher männlicher Individuen durch Hodenüberpflanzung zu heilen gesucht hat. Über die Erfolge sind die Ansichten erst recht geteilt

Sechster Abschnitt.

Beteiligung des Nervensystems an den Geschlechtsfunktionen. Fortpflanzung und Seelenleben. Der Geschlechtstrieb. Seine Beziehungen zur Kulturentwicklung beim Menschen. Werbungsvorgänge. Rolle der Körperformen und -farben, der natürlichen und künstlichen Bekleidung. Werbungssignale. Gesang und Musik. Ausartungen und Abirrungen des Geschlechtstriebs.

Wir sehen also, daß die Entwicklung der zur Fortpflanzung gehörenden Organe und die Geschlechtsfunktionen im weitesten Sinne durch chemische Wechselbeziehungen, durch innere Abscheidungen beherrscht und geregelt werden.

Wir sehen insbesondere, daß mit den übrigen Geschlechtsmerkmalen, die körperlicher Natur sind, immer auch bestimmtes psychisches Verhalten einhergeht, welches bei den Einzelwesen der beiden Geschlechter verschieden ist, und dessen Einzelheiten offenbar mit der verschiedenen Rolle derselben bei der Fortpflanzung zusammenhängen und ihr angepaßt sind.

Es darf nun nie vergessen werden, daß wir bei anderen Menschen und bei Tieren immer nur das körperliche Verhalten mit unseren Sinnen wahrnehmen und durch Vergleichung mit den eigenen Erfahrungen, den bei uns selbst ins Bewußtsein getretenen, „affektbetonten"

Empfindungs- und Erinnerungskomplexen auf das Vorhandensein ebensolcher, auf ein „Seelenleben der anderen Individuen" schließen. Für unsere Mitmenschen haben wir in jeder Weise das Recht dazu; für die Beurteilung der Tierwelt ist die Vermenschlichung („Anthropomorphisierung") von jeher ein gewaltiges Hindernis der Ausbildung einer wissenschaftlichen „Psychologie" gewesen und bleibt es, wie neuere Tagesereignisse[1]) zeigen, immer wieder.

Aber gerade bei der Funktionsweise des Nervensystems für die Zwecke der Fortpflanzung handelt es sich um Vorgänge, die sehr weitgehend auch beim Menschen unter der Schwelle des Bewußtseins bleiben können und bei den Tieren von den Stufen ab, wo man noch über die Zulässigkeit der Annahme eines „Seelenlebens" gestritten hat, jedenfalls als „ererbter Komplex äußerst verwickelter und 'zweckmäßiger' Reflexaktionen"[2]) angesprochen werden müssen, als Instinkt — „Geschlechtstrieb" — wie er beim Menschen auch allgemein genannt wird, insofern er halb unbewußt, oft ungehemmt durch zweckmäßige Überlegung, durch Rücksicht auf andere und auf Selbsterhaltung sich äußert.

Von dem Zusteuern der „Mikrogameten" auf den „Makrogameten" bei Sporozoen und ihrer Vereinigung, bis zum äußerst verwickelten Beziehungsleben zwischen den Geschlechtern der höchststehenden Tiere und des Menschen haben wir nur eine aufsteigende Reihe, in der das Auftreten von Nervenelementen und die Herstellung von Funktionsbeziehungen durch den immer komplizierter werdenden Bau des Gesamtnervensystems mit seinen Aufnahmeapparaten oder Sinnesorganen, seinen Übertragungsapparaten oder „Zentren" und seinen Reizleitungsbahnen maßgebend ist. Das Zusteuern des Mikrogameten auf den Makrogameten und ebenso durchaus noch dasjenige der Spermatozoen auf die Eizelle erfolgt, wie man sich ausdrückt, durch einen „Tropismus", und zwar Chemotropismus, chemische Anziehung, durch von den größeren Gameten oder Eizellen abgestoßene gelöste oder gasförmige Partikel. Solche spielen für die geschlechtliche Annäherung auch höherstehender Tiere die größte Rolle, nur daß sie vom ganzen Tier eben vermittelst besonderer Sinnesorgane wahrgenommen werden, wo wir z. B. bei den Antennen oder Fühlern der Insekten einfach, um zu weitgehende Vermenschlichung zu vermeiden,

1) Siehe die „rechnenden und denkenden" Pferde, den „buchstabierenden" Hund!

2) Dies ist die richtige Begriffsbestimmung des „Instinkts"!

von chemischem Sinn reden werden. Beraubt man Insekten der Fühler, so kommt es nicht zu geschlechtlicher Vereinigung. Um sich zu unterscheiden, dazu reicht ihr Sehorgan nicht aus. Aber auch weiter aufwärts, wo der Gesichtssinn für das Sichfinden der Geschlechter die größte Bedeutung hat, behält der Geruchssinn große Wichtigkeit, wie das bei Säugetieren leicht zu erkennen ist.

Ganz offenbar handelt es sich dabei um spezifische flüchtige Substanzen, von denen gar nicht gesagt zu sein braucht, daß sie Zersetzungsprodukte von Ausscheidungen seien und in die Zwaardemakersche Kategorie der „Kaprylgerüche" oder zu den flüchtigen Aminen (organische basische Ammoniakverbindungen) gehören; für den Menschen, dessen Geruchssinn enorm verkümmert ist gegenüber den übrigen Säugetieren, mag es ja diesen Anschein haben. Übrigens sollen besonders empfindlich veranlagte Menschen in den „Geschlechtsgerüchen", über die ein bekannter Spezialforscher unter einem Schriftstellernamen ein Buch verfaßt hat[1]), doch noch mehr empfinden als „Gestänke".

Wo der Gesichtssinn einigermaßen entwickelt ist, kommt es bei der Anregung des Geschlechtstriebs zu sehr wesentlicher Beteiligung desselben: Form und Farbe des einen Partners wirken anregend auf den anderen, und zwar ist es bei Wirbeltieren (mehrfach schon bei Wirbellosen) wesentlich das Männchen, welches in dieser Weise „werbend" auf das Weibchen wirkt: solches kann man beobachten bei Schmetterlingen, bei Fischen, bei Amphibien, bei Vögeln, wo überall das Männchen die lebhafteren Farben zeigt — manchmal treten solche zur Paarungszeit besonders hervor.[2]) Hierher zu rechnen ist auch die gelegentliche besondere Ausbildung von Hautdeckengebilden beim Männchen, wozu der stärkere oder besonders geformte Federschmuck, die Kamm- und Bartbildung der Hähne — und wohl auch der Bart des menschlichen Mannes wie die Mähne des Löwen gehören.[3]) Zur Anregung des Geschlechtstriebs beim Men-

1) Hagen, Sexuelle Osphresiologie.

2) Die neuerdings festgestellte Tatsache, daß die betreffenden Tierarten nicht das gleiche Farbenunterscheidungsvermögen besitzen wie der Mensch, widerspricht diesen Zusammenhängen nicht, da farbenblinde Menschen feinste Helligkeitsabstufungen der farbigen Umwelt wahrnehmen.

3) Siehe über diese Dinge ausführlicher die Darstellung durch F. Knauer (ANuG Bd. 148).

schen dient anderseits die als schön („ästhetisch wirksam") empfundene Körpergestalt und das lange Haupthaar des Weibes dem Manne gegenüber, und die Entwicklung der Kultur hat dahin geführt, daß das weibliche Geschlecht in Kleidung und Schmuck besonderen Eindruck auf das männliche zu machen sucht — siehe den ausgesprochenen und stetigen Wechsel der „Moden".

Der Werbung dienen ferner allerhand Tätigkeiten, die reflektorisch bis instinktiv beim Tier, bewußt und mit der Kultur immer feiner ausgebildet beim Menschen ausgeübt werden. Hierher gehören stimmliche Locksignale bis zur Ausbildung als Kunstgesang. Der Zusammenhang der Musik wie der Entwicklung aller Künste, der Ästhetik überhaupt, mit dem Geschlechtsleben ist ein Gebiet, über das genug geschrieben worden ist. Werbebewegungen, Werbelaute ziehen sich vom Grillenzirpen und Nachtigallenschlag, vom Schneckenspiel, der Auerhahnbalz und dem Gazellenreigen bis zur Orchestersymphonie und Oper, bis zu den meisten Tänzen, die der Mensch erfand, durch die Reihe der geschlechtlich sich fortpflanzenden tierischen Lebewesen.

Das Liebeswerben unter dem Einfluß des Geschlechtstriebs ist meist Wettbewerb, insbesondere zwischen den Vertretern des angriffslustigen männlichen Geschlechts, wenn sie dem weiblichen gegenüber in der Mehrzahl sind. Und außer den schon genannten friedlicheren Mitteln des Wettbewerbs werden auch weniger friedliche in Betracht kommen: es erfolgt wirklicher körperlicher Kampf zwischen den Nebenbuhlern, in dem der stärkere siegt, der schwächere erliegt: daß bei vielen Tieren für diesen Zweck das männliche Geschlecht mit besonderen Waffen ausgestattet ist, haben wir schon gesehen. Und daß auch beim Menschen Kampf und Krieg nicht nur um die Nahrung, sondern auch um das Weib statthat, zeigt Urgeschichte und Geschichte, zeigt allen Kulturfortschritten zum Trotz die „Skandalchronik" aller Länder.

Als Grundlage des Liebeswerbens und des Liebeskampfes mit dem Siege des Stärkeren und Schöneren sieht die Vorstellung Darwins, welche die Entstehung der Arten (im Sinne der Abstammungslehre) durch den Vorgang der Auslese erklären möchte, eben diesen an: Übrigbleiben, Sichweiterfortpflanzen der besseren, stärkeren, schöneren, für den „Kampf ums Dasein besser gewappneten" Einzelwesen unter Preisgebung der schwächeren, weniger „zweckmäßig" gestalteten. Wir werden auf diese Theorien am Schlusse unserer Ausführungen noch mit einigen kritischen Worten zurückkommen.

Das Wesen des Geschlechtstriebs jedenfalls erscheint am klarsten vom Gesichtspunkt der Zweckmäßigkeitslehre aus: es besteht darin, daß ein Drang zur Vornahme des Paarungsaktes besteht, offenbar bedingt durch eine Erregung des Zentralnervensystems, die wir uns sowohl mechanisch durch die Anfüllung der Keimdrüsen mit den zu entleerenden Keimzellen, der Nebendrüsen und anderen Organe (Ausführungsgangapparate) mit den betreffenden Sekreten bewirkt denken können, als auch chemisch vermittelt durch Produkte innerer Sekretion. In der Tat läßt sich zeigen, daß beides mitwirkt, und zwar mehr oder weniger periodisch, wie schon früher angedeutet wurde. Mit der Ausübung des Paarungsaktes sind für beide Partner angenehme, „lustbetonte" Empfindungen — „Wollustempfindungen" — verbunden, deren Erinnerung während der Zeit der Geschlechtsreife zur Verstärkung des Triebes beiträgt. Über die bei den Wollustempfindungen beteiligten Nervenelemente, ihren Sitz, die Art ihrer Erregung existieren mancherlei ältere und neuere Untersuchungen von Histologen und Physiologen. Bei Menschen wird der tierisch rohe Geschlechtstrieb durch allerhand Umstände verwickelt und verfeinert, die teils der sog. „Zuchtwahl", d. i. geschlechtlichen Auslese dienlich, teils aber auch ihr hinderlich sein können. Moll hat geglaubt, einen „Kontrektationstrieb", d. h. Annäherungs- und Umarmungstrieb, von einem „Detumeszenz"-, d. h. Entleerungstrieb (soll sich sowohl auf die Keimdrüsen und Nebenorgane als auch auf die Schwellkörper, deren Blutfüllung die Vereinigung der Zeugungsorgane ermöglicht, beziehen) unterscheiden zu können. Physiologisch scharf trennen läßt sich beides wohl aber kaum.

Viel erörtert wird in der wissenschaftlichen und scheinwissenschaftlichen Literatur, vielleicht mehr als nötig ist, die Frage der krankhaften Abweichungen, sog. Perversionen des Geschlechtstriebs.

Man rechnet hierher zunächst die Verquickung des Geschlechtstriebs mit der Lust, den Partner zu mißhandeln oder sich von ihm mißhandeln zu lassen — in ausgebildeter Form meist als „Sadismus", resp. „Masochismus" bezeichnet. Ansätze dazu werden vielfach in der Tierwelt gefunden, und von hierher gehörigen Episoden in den Vorspielen des Geschlechtsaktes, die kaum als abnorm bezeichnet werden können, bis zu den scheußlichsten Verirrungen mag es ja Zwischenstufen geben. An ein näheres Eingehen im Sinne der heutigen gerichtlichen Psychologie können wir hier natürlich nicht denken.

Vor allem aber gehören hierher die sog. konträrsexualen (so genannt wegen des Gegensatzes zu dem wirklich vorhandenen Geschlecht) oder homosexuellen (so genannt wegen der Beziehungen zu Personen des gleichen Geschlechts) Neigungen. Zur Gesamtheit der Geschlechtscharaktere gehört, sobald die Geschlechtsreife eintritt, das Bewußtsein des eigenen Geschlechts, das Sichhingezogenfühlen zum anderen Geschlecht; Gegenstand des normalen Geschlechtstriebes ist ja die Vereinigung mit einer Person des anderen Geschlechts. Nun haben wir Fälle kennen gelernt, in denen die körperlichen außerwesentlichen Merkmale, insbesondere die äußeren Geschlechtsteile mit den Keimdrüsen als wesentliche Merkmale nicht übereinstimmen. Wir fanden Formen, in denen das Hoden besitzende Individuum im Körperbau einem Weibe nahesteht und eine offengebliebene Geschlechtsspalte, ja selbst einen mehr oder weniger ausgebildeten Fruchthalter und Scheide besitzt — auch umgekehrt Eierstöcke besitzende Individuen, die ans Männliche erinnerndes Äußeres und Ausbildung der Klitoris zur Größe und Gestalt eines männlichen Geschlechtsgliedes zeigten. Hier konnte eine falsche Feststellung des Geschlechts, entsprechende Erziehung und Betätigung des Geschlechtstriebes auftreten, die zu dem durch das wesentliche Merkmal, die Keimdrüse, gegebenen Charakter nicht paßt, in diesem Sinne gleichgeschlechtlich zu nennen wäre. Hier, bei den sog. körperlichen Zwischenstufen, sind psychische Zwischenstufen des Geschlechts wohl denkbar. Ja noch mehr, die Gesamterklärung der Zwischenstufen liegt nahe seit den Steinachschen Überpflanzungsversuchen: wir müssen uns denken, daß mit dem eigentlichen Merkmal, dem Keimlager, eine interstitielle Drüse oder Pubertätsdrüse in Steinachs Sinn verbunden ist, deren Reizstoffe die Ausbildung der außerwesentlichen Merkmale im Sinne des anderen Geschlechts in Gang setzen, oder aber, daß beiderlei Pubertätsdrüsengewebe neben einem Keimlager vorhanden ist: Hierfür spricht auch das Verhalten der künstlichen Zwitter in Steinachs obenerwähnten Versuchen, insofern bei diesen Tieren Perioden abwechselten, in denen sie „männlich erotisiert" waren, den Weibchen nachliefen, fremden Männchen sich zum Kampf stellten, — und solche Perioden, in denen sie „weiblich erotisiert" waren, mehr furchtsam und scheu sich verhielten, Objekt der Werbung fremder Männchen wurden usw. Auch beim Menschen sollen homosexuelle Neigungen mit heterosexuellen periodisch abwechselnd beobachtet worden sein, und diese Erscheinungen wären auf ein abwechselndes Überwiegen der Wirkung der einen oder der anderen „Pubertätsdrüse" im „Antagonismus der Sexualhormone" (s. oben S. 72) zu beziehen!

Eine andere Frage ist aber, inwieweit mit körperlich durchaus normaler Einrichtung, bei der also Keimdrüse und alle körperlichen Geschlechtsmerkmale zueinander passen, eine entgegengesetzt gerichtete nur psychische Veranlagung denkbar ist, als einziges Produkt entgegengesetzt eingerichteter innerer Sekretion usw. Öffentliche Sittlichkeit, Gestaltung des Strafrechts und Wissenschaft haben allerdings an der Sammlung des hierhergehörigen Materials, von den Knaben, die mit Puppen spielen, den schwärmerischen Freundschaften in Mädchenpensionaten usw., von den „Transvestiten" bis zu den gewohnheitsmäßigen erwachsenen Päderasten und Tribaden, gleiches Interesse. Gewiß kommt gleichgeschlechtliche Betätigung auch in der Tierwelt, in der wilden wie der domestizierten vielfach vor. Wo das der Fall ist, ebenso wie dort, wo beim Menschen eine unverschuldete konträrsexuale Veranlagung (Urninge) vorhanden sein mag, ist sicher der Zustand als ein Anzeichen von individueller „Entartung" anzusehen — ein biologischer Begriff, auf den noch kurz einzugehen sein wird. Es steht indessen wohl außer Frage, daß Umsichgreifen homosexueller Betätigung in dem Maße, wie sie im klassischen Altertum vielleicht noch weit mehr als in der heutigen Kulturwelt stattfand, wesentlich die Folge von Überreizung und Übersättigung eines künstlich gesteigerten Geschlechtslebens darstellt, mit Zwischenformen und Veranlagung nichts mehr zu tun hat, sondern rein ins kriminalanthropologische Gebiet gehört — wir können auch sagen, die rein-nervös-seelische Seite der Entartung vervollständigt, die natürlich statistisch und entwicklungsgeschichtlich der körperlichen Seite durchaus gleichläuft.

Wie diese Krankheitserscheinungen sittlich und gesetzgeberisch beurteilt und behandelt werden, richtet sich ja auch sehr nach den Zuständen des betreffenden Landes und Volkes und ist am besten von praktischen Gesichtspunkten aus zu beleuchten. Jedenfalls ist die Hauptgefahr meines Erachtens hier diejenige, daß zuviel davon gesprochen wird; so wertvoll Aufklärung für das normale Geschlechtsleben, die Verhütung der Infektionskrankheiten usw. sein mag, so bedenklich ist die öffentliche Vielgeschäftigkeit bei krankhaften Erscheinungen, deren Erörterung bis in einzelne suggestiv wirken und statt zur Eindämmung nur zur Verbreitung beitragen kann. Dasselbe gilt für alle sich den Anschein des Modernen und Fortschrittlichen gebenden Bestrebungen, die die Bedeutung des Geschlechtslebens übertreiben. Auch die Freudsche Psychoanalyse mit ihrem zugrundeliegenden richtigen Gedanken, daß verdrängte und halbbewußte Empfindungskomplexe störend wirken können und in geeigneter Weise „psychotherapeutisch" diese Störung beseitigt werden kann, ist durchaus zu verwerfen, insofern ihr Autor als verdrängte und halbbewußte Empfindungskomplexe immer und immer wieder das Geschlechtliche betont und schließlich künstlich einredet, wo davon kaum die Rede sein kann. Alle diese Erscheinungen sind nur das andere Extrem gegenüber dem Unterdrücken und Verschweigen und heuchlerischen Wegerziehenwollen aller geschlechtlichen Regungen, wie es durch Übertreibungen asketischer Religionsgrundlagen oft durch Jahrhunderte zu naheliegenden Gefahren die Ursache gewesen ist. Die Wahrheit liegt immer in der Mitte, die goldene Mittelstraße einzuhalten gelingt in der Praxis aber am wenigsten.

Das gilt auch für die Frage der allgemeinen körperlichen und geistigen Betätigung, der Rolle im ganzen Leben, die den beiden Geschlechtern beim Menschen zukommt.

Siebenter Abschnitt.

Die Brutpflege der höheren Tiere. Die Rolle des weiblichen Geschlechts. Mutterinstinkte und mütterliche Seelenanlage des Weibes. Psychische Unterschiede der beiden Geschlechter. Frauenberufe, Frauenarbeit, Frauenstudium.

Wir werden bei der Besprechung dieser Dinge am zweckmäßigsten davon ausgehen, daß bei allen Tieren, bei denen Einrichtungen zur Brutpflege bestehen, diese ganz oder zum überwiegenden Teile dem weiblichen Geschlecht zukommen. Beim Vogel baut das Weibchen das Nest mit dem Material, das ihm das Männchen zuträgt, es brütet die Eier aus. Beim Säugetier wird der weitaus größte Teil der Entwicklung im Fruchthalter durchgemacht, der weiteren Brutpflege dient die Abnabelung und das Säugegeschäft. Es ist vor allem die Mutter, die mit ihren Jungen spielt, sie unterrichtet usw. Wie weit das Triebartige hier vervollkommnet ist und an die beim Menschen bewußt werdende Mutterliebe heranreicht, zeigen die Beobachtungen bei der Katze, beim Affen usw. Bei manchen Tieren steht das Männchen den Nachkommen eher feindlich gegenüber, und das Weibchen muß schützen, so bei den Kalkuttahennen, die, um die Jungen vor den Hähnen zu schützen, sich zu Scharen von 40 bis 60 Stück zusammentun, an deren Spitze eine Henne steht, welche die Verteidigung übernimmt. Auch bei Katzen und Meerschweinchen kann man beobachten, wie das Weibchen die Jungen gegen den eigenen Vater schützt. Daß bei Raubtieren und Raubfischen auch die Mütter gelegentlich die Nachkommenschaft auffressen, braucht ebensowenig besonders hervorgehoben und gegen die Allgemeinheit der Mutterliebe verwertet zu werden, wie daß es Rabenmütter beim Menschengeschlecht gibt. Man hat die mütterlichen Gefühle zu den Regungen des Geschlechtstriebs in einen gewissen Gegensatz gebracht und daraus einen Unterschied in der Liebe des Weibes zum Manne gegenüber derjenigen des Mannes zum Weibe statuiert: diese soll rein sinnlicher Art, jene mehr von dem Verlangen nach dem Kinde beherrscht sein. Richtig mag sein, daß das Mutterschaftsgefühl, das auch durch innere Sekretion, sagen wir der interstitiellen Drüse des Eierstocks angeregt wird, solange es nicht einem eigenen Kinde zugewendet wird, auf den Mann gerichtet bleibt, daß aber mit dem Erscheinen des Kindes oft ein gutes Teil der Zärtlichkeit des Weibes dem Manne verlorengeht.

In der Mutterliebe liegt auch der Ursprung eines der stärksten Gefühle beim Weibe, des Mitgefühls mit allen Schwachen und Hilfsbedürftigen. Wo sie fehlt — oft vergesellschaftet mit abnormer geschlechtlicher Unempfindlichkeit —, da kann die Grausamkeit und Gefühllosigkeit beim Weibe allerdings oft auch Grade erreichen wie bei Kindern mit ihrer noch unentwickelten Hirntätigkeit, die ja in ihrer Art besonders eigenwillig, grausam und gefühllos sein können, oder wie bei entarteten männlichen Verbrechernaturen. Hier handelt es sich eben um krankhaften Ausfall einer Richtung des Seelenlebens, die dem Weibe normalerweise ganz besonders eigen ist.

Ein verstorbener geistreicher Bekämpfer der sog. Frauenbewegung und insbesondere des medizinischen Frauenstudiums, der Göttinger Frauenarzt Runge, hat sich folgendermaßen ausgesprochen: „Niemand wird bezweifeln, daß das Weib mehr Mitleid und daher mehr Menschenliebe, Teilnahme und Geduld für Unglückliche und Kranke besitzt als der Mann. Die hervorragende, aber immer noch nicht genug gewürdigte Befähigung des Weibes — auch des geistig hochstehenden

— für die Kranken-, Geburts- und Wochenpflege, in der es dem Manne weit überlegen ist, entspricht unmittelbar diesen Tugenden und läßt sie im glänzendsten Lichte erscheinen. Gerade auf diesem Gebiete gilt das Wort: 'Der Mann arbeitet mit den Gedanken', so daß auch hier, in der Krankenbehandlung, eine heilsame Ergänzung der Arbeit beider Geschlechter statthat." Damit knüpft Runge an seine vorhergehenden Worte an: „Wie jeder Mensch nur durch besondere Ausbildung und Pflege seiner ihm verliehenen eigentümlichen Fähigkeiten Besseres oder Hervorragendes zu leisten vermag, so werden auch die Geschlechter nur dann ihre ihnen von der Natur gestellten Aufgaben im vollen Umfange lösen können, wenn sie ihrer Eigenart leben, sie ausbilden und vertiefen." „Der Mann gibt, die Frau empfängt und gibt das Empfangene weiter. Diese Tätigkeit der beiden Geschlechter bezieht sich nicht nur auf die körperliche, sondern ebenso auf die geistige Sphäre. Gewiß sind manche bisher nur vom Manne ausgeübte Berufsarten auch für das Weib geeignet, so sicher auch etliche bisher nur vom Weibe gepflegte Berufe der Mann ergreifen kann, aber unzweifelhaft bleibt es, daß es Berufsarten gibt, die nicht beide Geschlechter verrichten können. Es wäre trivial, zu sagen, daß nur dem Weibe das Gebären vorbehalten bleibt; es ist aber ebenso eine triviale Wahrheit, daß nur der Mann berufen ist, mit kräftiger Hand den Herd und das Land zu schützen."

So weit Runge, dessen Äußerungen sicher lange nicht so weit gehen wie diejenigen des ebenfalls verstorbenen Leipziger Nervenarztes Möbius, dessen Schrift „Vom physiologischen Schwachsinn des Weibes" eine Flut von Gegenäußerungen nicht nur von Anhängerinnen der sog. Frauenbewegung hervorgebracht hat. Auch Runge ist widersprochen worden und kann widersprochen werden hinsichtlich mancher extremer Verbote und der Schwächen ihrer Begründung. Eins geht aber aus der unparteiischen Betrachtung aller physiologischen und biologischen Tatsachen unseres Gebietes unzweifelhaft hervor:

Mit der weitgehenden, den Stoffwechsel und damit die Intensität und den zeitlichen Verlauf aller Funktionen beherrschenden verschiedenen Beeinflussung durch die periodischen und kontinuierlichen inneren Abscheidungen der Keimdrüsen bzw. ihrer „epithelialen Nebenorgane" ist ein tiefgehender Unterschied des körperlichen und Seelenlebens der beiden Geschlechter gesetzt, der nicht einfach durch gefühlsbetonte Schlagworturteile wie schöner bezw. stärker, klüger resp. dümmer, schwächer und zarter usw. ausgedrückt werden kann. Beiden Geschlechtern sind für das Geschlechtsleben, die Funktion der Fortpflanzung und Brutpflege in ihrer Organisation grundverschiedene Rollen zugewiesen, die, auch wenn Kulturrichtungen, d. h. Anpassungsvorgänge an veränderte Bedingungen der Umwelt darauf drängen, Fortpflanzung und Geschlechtsleben zurücktreten zu lassen (siehe später), dennoch immer wieder ihren Einfluß auf alle Lebensverhältnisse von neuem äußern. Beim Manne wird immer wieder die Verstandestätigkeit angeregt werden, wie es von den Uranfängen der Kultur ab gewesen ist, wo er, während das Weib um die Nachkommenschaft sorgte, sich zur Abhaltung aller Feinde und Schädlichkeiten der Umwelt, zur Erbeutung von Nahrung im Wettbewerb mit der übrigen Tierwelt körperlich wie geistig anstrengen mußte; beim Weib überwiegt die Gefühlswelt, wie geschildert, vorwiegend veranlaßt durch die Mutterschaftstriebe. Daß es Weiber gibt, welche an Verstandesanlage und geistigen Fähigkeiten nicht nur den Durchschnitt ihres Geschlechts, sondern auch denjenigen der Männer weit überragen, darf durchaus nicht geleugnet werden; wenn man aber die Durchschnittswerte vergleicht, so bleibt es doch dabei, daß das Weib im folgerichtigen Denken, der beharrlichen Verfolgung eines Gedankengangs sowie der Ausdauer in geistiger Arbeit dem Manne nachsteht, daß neue, schöpferische Gedanken ihm weniger leicht zu Gebote stehen. Dazu ist, man mag dagegen einwenden, was man will, ein gesunder und normaler Ablauf der weiblichen Geschlechtsfunktionen mit angestrengter, gleichmäßiger Verstandesarbeit, die durch Stimmungen, veränderte Allgemeinzustände und damit Gefühlsbetonung der Empfindungskomplexe und Erinnerungsbilder nicht beeinflußt sein darf, schwer zu vereinigen. Menstruation, Schwangerschaften und Geburten stellen so bedeutende Anforderungen an den weiblichen Körper, daß bei gleicher Beanlagung ein erfolgreicher Wettbewerb mit dem Manne durch sie ausgeschlossen wird.

Der Einfluß dessen, was wir schon bei der Vergleichung der außerwesentlichen Geschlechtsmerkmale besprochen und uns in Gestalt von Kurven vor Augen geführt haben, ist von Oskar Schultze, dem Würzburger Anatomen, folgendermaßen ausgedrückt worden: „Der geschlechtsreife weibliche Körper hat den in der Menstruation erlittenen Verlust in der intermenstruellen Zeit stets wieder einzubringen. Kaum ist dies geschehen, und der Höhepunkt der Lebensenergie wieder gewonnen, so platzt ein neuer Follikel im Eierstock, und die neue menstruelle Blutung setzt ein. So geht die monatliche Lebenswelle und Lebensenergie fortwährend auf und nieder. Die für die Hauptfunktion des Weibes periodisch verbrauchte Kraft ist seit Jahrtausenden für den inneren Eigenausbau gleichsam verlorengegangen. Der Einzelverlust ist so gering, daß er von zahlreichen Weibern in keiner Weise unangenehm empfunden wird. Der Effekt liegt in der Summation. Der Gewinn wird sofort wieder verausgabt, jedoch nicht für den eigenen Haushalt, sondern im Dienste der Fortpflanzung für andere, welche erst kommen und die Art erhalten sollen.

Diese Überlegungen sprechen sicherlich gegen die Darstellungsweise, die man vielfach von Vertreterinnen der schrankenlosen „Frauenemanzipation" hören kann, wonach im Urzustande der Menschheit beiden Geschlechtern eine gleiche körperliche und geistige Leistungsfähigkeit zugekommen sei und die jetzige sog. „Inferiorität" der Frau nur das Produkt künstlicher Zurückhaltung ihrer Entwicklung, schnöder Unterdrückung durch das böse männliche Geschlecht sei. Natürlich hat die Kulturgeschichte bisweilen hierhergehörige Ausschreitungen gezeitigt — ein Teil des europäischen Mittelalters, die Haremsabschließung der vom Islam gewonnenen Völkerschaften, die Verkrüppelung des Frauenfußes bei den Chinesen der Mandschudynastie gehört hierher. Aber sie allein zu betonen wäre einseitig. Vom „Matriarchat" primitiver Kulturen bis zum, wenn auch nicht immer amtlichen, aber doch tatsächlichen Frauenregiment an Höfen und in bestimmten Gesellschaftsschichten vieler Kulturperioden sehen wir ein entschieden ausgleichendes Gewicht zu den Vorgängen der sogenannten Unterdrückung des weiblichen durch das männliche Geschlecht.

Einzelne hervorragend leistungsfähige Frauen in allen Volksschichten und Berufen und Lebensstellungen hat es zu allen Zeiten gegeben. Bestrebungen des weiblichen Geschlechts, im öffentlichen Leben und in der Politik mitzuwirken, mit mehr oder weniger Erfolg, hat es auch schon gegeben; selbst die Suffragetten müssen ihre Vorgängerinnen im Altertum gehabt haben, denn ohne ein wirkliches Vorbild, nur aus seiner Phantasie heraus, dürfte Aristophanes seine „Ekklesiazusen" kaum geschrieben haben!

Was aber offenbar erst die Folge einer tiefgreifenden Änderung aller Lebensbedingungen, genauer gesagt der veränderten Art der Erzeugung aller Lebensnotwendigkeiten und des ebenso verändetren und gesteigerten Verkehrs des Menschen auf seiner Erde ist, das ist die heute sich geltend machende Bestrebung des weiblichen Geschlechts, in allen Berufen dem männlichen Konkurrenz zu machen. Sie hängt mit allen anderen Folgeerscheinungen der veränderten Produktions- und Verkehrstechnik zusammen. Die Herstellung der unmittelbar notwendigen Lebensbedürfnisse aus dem Rohmaterial, das Kochen und Backen, die Herstellung der Kleidungsstücke usw. erfolgte früher im Einzelhause, in der Familie, war zusammen mit der Kindererziehung der Beruf der Frau. Dieser „Hausfrauenberuf" war, wenn auch qualitativ verschieden, so doch quantitativ durchaus gleichzuachten den Berufen des Mannes, nämlich dem Handwerk, d. h. der Herstellung der Bedürfnisse weitergehender Kultur, zu deren Gewinnung resp. Herrichtung größere Körperkräfte gehörten. Außer diesen war die Verteidigung des Herdes, das Waffenhandwerk, war die Verwaltung der Gemeinden und Staaten wesentlich den Männern überlassen, während das Erziehungswerk der Jugend je nach Geschlecht (Knaben und Mädchen) und Gegenstand der Unterweisung zwischen Vätern und Müttern geteilt war. Die Erfindung der Buchdruckerkunst als unerläßliche Vorbedingung des allgemeinen Schulunterrichts und die Erfindung der Dampfmaschine als Vorbedingung der fabrikmäßigen Warenerzeugung und des heutigen Weltverkehrs haben in jene patriarchalischen Zustände umwälzend eingegriffen, den Abschluß der einzelnen Familie, des einzelnen Hauses aufgehoben und die Bet iligung beider Geschlechter an der kollektiven Betätigung zur Befriedigung der Bedürfnisse der Allgemeinheit („Masse") im Großbetrieb herbeigeführt. Dadurch ist eine vielleicht vorübergehende, vielleicht dauernde Störung des Verhältnisses zwischen dem Anteil der Geschlechtsfunktionen und der übrigen Funktionen der Individuen der beiden Geschlechter gesetzt worden, auf deren Fortgang und mögliche Folgen wir bei der schließlichen Besprechung des Geschlechtslebens im Sinne der erweiterten Biologie kurz zurückkommen werden.

Die Beschäftigung des weiblichen Geschlechtes im Gewerbe- und Industriebetrieb nimmt täglich zu, und zwar sowohl körperlicher wie geistiger Art. Es darf aber nicht vergessen werden, daß dafür immer mehr physiologische Leistungen beider Art, die oft schwer genug sein kann — Feldarbeit, Spinn- und Webearbeit; Rechnen und Schalten im Haushalt —, die die älteren Zustände mit sich brachten, verlorengehn. Darum sind auch rein zahlenmäßige Ergebnisse der Statistik mit Vorsicht zu genießen — wie das ja auf allen Gebieten der Fall ist. Die Tatsache, daß wir im Deutschen Reich 1908 bereits 17000 Post- und Telegraphenbeamtinnen, 1909 150000 Handlungsgehilfinnen hatten, besagt ja genug; anderseits müssen die Zahlen, die eine aus den gleichen Jahren stammende Zusammenstellung der Prozentsätze der weiblichen Erwerbstätigen von der Gesamtzahl der Erwerbstätigen in den verschiedenen Ländern liefert, zunächst sehr merkwürdig und unerwartet vorkommen:

Land	Prozentsatz	Land	Prozentsatz
Ungarn	45,1	Belgien und Dänemark je	28,1
Österreich	41,5	Großbritannien und Norwegen	24
Frankreich	34,8	Schweden	21
Italien	32,4	Spanien	16,8
Deutschland	30,4	Ver. Staaten v. Nordamerika	14,3
Schweiz	29,5	Rußland	8,4

Daß Österreich-Ungarn an der Spitze steht, daß Italien und Schweden an Zahl des Prozentsatzes erwerbstätiger Frauen die Vereinigten Staaten von Amerika weit übertreffen, das ist natürlich nur durch die Verwendung der Frauen in der Landwirtschaft zu erklären, die aber gerade in den betreffenden Ländern von altersher stattgefunden hat!

Eindeutiger sind die Zahlen, welche den Zudrang des weiblichen Geschlechts zu den gelehrten Berufen belegen. Am 8. November 1908 wurden die Frauen an den Universitäten Preußens zur Immatrikulation zugelassen; im Wintersemester 1909/10 hatten wir insgesamt bereits weibliche Studierende in Preußen 1242, in Baden 220, in Bayern 212, Zahlen, die seitdem ganz bedeutend gestiegen sind.

Diesen Zahlen gegenüber wäre Bekämpfung der vorhandenen Bestrebung unvernünftig und trügerisch. Die Frage, was das weibliche Geschlecht in den bisher meist dem Manne vorbehalten gewesenen Berufen leisten kann, wird sich eben mit der Zeit von selbst beantworten. Objektive Betrachtung früherer Einzelfälle und der bisherigen Erfolge in den Ländern, in denen die Beobachtung der modernen Bestrebungen etwas weiter zurückreicht als bei uns, läßt keinen Zweifel daran, daß die Durchschnittsleistung der beteiligten Frauen befriedigt, aber anders geartet ist als beim männlichen Geschlecht: die Geschichte der Künste zeigt schon, daß der Frau mehr die reproduktive und mitempfindende Tätigkeit liegt, die selbstschaffende und originale mehr dem Manne. Wir müssen ferner annehmen, daß es vorläufig noch die vorzüglicher begabten weiblichen Individuen sind, die ein

Studium ergreifen — und diesen es verwehren, wäre ungerecht; mit dem größeren Zudrange aber dürfte sich die geringere Durchschnittseignung des weiblichen Geschlechts immer mehr herausstellen, und wäre es auch nur durch die vielfach jetzt schon beobachtete Zunahme nervöser Erkrankungen. Insbesondere aber wird sich herausstellen, daß Verbindung der Mutterschaft und Kindererziehung nebst Hausfrauentätigkeit mit der Ausfüllung eines Berufes, sei es des ärztlichen, juristischen oder Lehrberufs, wie auch künstlerischer Tätigkeit in vollem Maße eben nur Ausnahmsindividuen möglich ist; das wäre eine doppelte Menschenleistung, und solche doppelte Leistungsfähigkeit ist auch beim männlichen Geschlecht nur Ausnahmefall.

Die berufstätige Frau wird vielmehr, wenn sie nicht die Berufstätigkeit früh aufgibt, ihren Beruf als Gebärerin, Erzieherin und Hausfrau nicht erfüllen können, oder nur mangelhaft erfüllen, wie letzteres ganz unzweifelhaft bei allen den Frauen der unteren Volksschichten der Fall ist, welche und solange sie als Fabrikarbeiterinnen tätig sind, oder das ganze Jahr hindurch zur Unterstützung des ungenügenden Verdienstes des Ehemannes außer dem Hause Arbeiten verrichten. Hier leidet die Natur Schaden durch einen von der Not der Umstände erzwungenen abnormen Zustand[1]), und in letzter Linie muß bekanntlich der Zudrang des weiblichen Geschlechtes zu bürgerlichen Berufen und dem Studium auch nur zurückgeführt werden auf die materielle, immer größer werdende Erschwerung der Eheschließung. Es handelt sich also um das Gebiet der sexuellen Soziologie oder Sozialbiologie. Die Sozialbiologie des Menschen ist natürlich nur ein Teil der vielfach als Biologie im engeren Sinne bezeichneten Lehre von den lebenden Wesen in ihrer Wirkung aufeinander[2]), ohne die schließlich kein Leben überhaupt denkbar ist. Die Sexualbiologie gravitiert ja an und für sich schon nach dieser Richtung, denn die geschlechtliche wie schon die ungeschlechtliche Zeugung, die einfache Teilung der Individuen, dient der Erhaltung der Art.

1) Diese Tatsache, wie auch das vielfache Versagen der weiblichen Natur in ihr nicht angepaßten Berufen trat in dem letzten Kriege oft hervor, wo die Frauen männliche Berufe in weitem Maße stellvertretend ausübten, und zwar, wie anerkannt werden muß, vielfach mit Erfolg, meistens mit großer Hingebung.

2) Siehe darüber Kräpelin (ANuG Bd. 426 und 427).

Achter Abschnitt.

Erhaltung der Art. Fruchtbarkeit. Polygamie und Monogamie. Ehe und Prostitution. Soziale Bedeutung der Geschlechtskrankheiten. Rolle der Inzucht. Vererbung körperlicher und geistiger Anlagen. Bestrebungen moderner Eugenik.

Jede Art lebender Wesen hat das Bestreben, sich zu erhalten gegenüber den Widerständen der Umwelt, wozu neben den physikalischen Faktoren vor allem das Bestreben anderer Arten gehört, auch sich zu erhalten. Da stets Einzelwesen zugrunde gehen, kann das Bestreben der Arterhaltung nur in Vermehrung der Einzelwesen bestehen. Diese Vermehrung erfolgt nun in geometrischer Progression, wobei der „Progressionsfaktor" verschieden groß sein kann. Bei den Bakterien, die sich durch Spaltung jedes Individuums direkt vermehren, ist der Faktor gleich 2, und bei der kolossalen Spaltungsgeschwindigkeit die Vermehrung auf geeignetem Nährboden schwindelerregend. Bei höheren Lebewesen mit geschlechtlicher Zeugung kann der Faktor ebenfalls groß sein, so bei Pflanzen mit vielen Blüten und Früchten. Bei höheren Tieren kann gleichfalls für eine schrankenlose Vermehrung gesorgt sein, wenn viele Geschlechtszellen gebildet und ihnen zur „Konjugation" Gelegenheit gegeben wird. Wir wissen aber alle, daß bei Tier und Pflanze im allgemeinen die Mehrzahl der Keimzellen, insbesondere der männlichen (Spermatozoen, Pollenkörner), ihren Zweck nicht erreicht. Die Natur arbeitet sozusagen mit außerordentlicher Verschwendung offenbar angesichts der doch so außerordentlichen Widerstände. Durch diese Widerstände wird auch die Befruchtung der weiblichen Keimzellen zu einem größeren oder geringeren Anteil unmöglich gemacht; endlich gehen die durch die Befruchtung erzielten Nachkommen in einem früheren oder späteren Stadium der Entwicklung oder des Lebens zugrunde, ehe sie ihrerseits „sich fortgepflanzt haben". So hat man wohl den Darwinschen „Kampf um das Dasein" kurz mit dem Widerstande definiert, welchen die vorhandenen natürlichen Bedingungen (Beschränktheit des für das organische Leben zur Verfügung stehenden Materials, physikalische Vorgänge) dem Bestreben der Organismen entgegensetzen, sich nach dem Gesetz der geometrischen Progression zu vermehren.

Die Zahl, die nun angibt, um das Wievielfache sich das Individuum oder Individuenpaar vermehrt, insbesondere beim Tier die Zahl, die besagt, wieviel Nachkommen das einzelne Weibchen etwa in Jahresfrist zur Welt bringen kann resp. wirklich zur Welt bringt, bezeichnen wir als die (relative resp. aktuelle) „Fruchtbarkeit".

Ihre Ermittlung bei Mensch und Tier und der Nachweis der sie beeinflussenden Faktoren ist von gleichgroßer Bedeutung für die Sexualwissenschaft wie für die soziologische und volkswirtschaftliche Praxis.[1])

Von äußeren, physiologischen Einflüssen auf die Fruchtbarkeit stehen Nahrung und Klima obenan; daß reichliche Nahrung die Fruchtbarkeit begünstigt, dafür spricht der in dieser Hinsicht zwischen wilden und domestizierten Tieren herrschende Unterschied; die wilde Katze hat einmal im Jahre 4 oder 5 Junge, die zahme Hauskatze wirft mehrmals im Jahre je 5 oder 6. Die Wildsau wirft einmal jährlich je nach ihrem Alter 4, 8 bis 10 Junge, die zahme bisweilen 16 auf einen Wurf oder in 2 Jahren 5mal je 10 Ferkel. Bei der Hündin haben wir 6 bis 14, bei der Wölfin und Füchsin selten mehr als 4 bis 5 Junge. Die wilde graue Gans legt im Jahre 5 bis 8, die zahme Hausgans 13 bis 18 Eier. (Alle Angaben nach Robert Müller.)

Schafe und Rinder in Berggegenden, wo die Weide spärlich ist, sind weniger fruchtbar als in fetten Niederungen. Auch beim Menschen kann ähnliches beobachtet werden. Der Hunger lähmt im allgemeinen den Geschlechtstrieb. Bei Hungersnöten geht die Volksvermehrung auch ohne alle künstlichen Maßnahmen zurück. Man hat auch der Art der Ernährung, der Anwendung der Reizmittel einen Einfluß zugeschrieben; Fleischnahrung, Alkohol und Gewürze mögen in der Tat den Eintritt der Geschlechtsreife beschleunigen, den Geschlechtstrieb erhöhen, womit aber noch lange nicht auch die erhöhte Fruchtbarkeit gegeben ist, da mit dem Zugebotestehen jener Genüsse wohl ausnahmslos andere die Fruchtbarkeit schädigende Faktoren verbunden sind, auf die wir bald zurückkommen. Bei allen Lebewesen hat natürlich das Klima einen bestimmenden Einfluß auf die Fruchtbarkeit: das Kaninchen wirft bei uns drei- bis viermal, in warmen Ländern sechs- bis achtmal im Jahre. Wenn nicht andere Faktoren entgegenwirken, kann warmes Klima und fruchtbarer Boden auch mittelbar durch die Begünstigung des Pflanzenwuchses und damit durch die Hebung der Ernährung die tierische und menschliche Fruchtbarkeit steigern. Polar-

1) Siehe auch M. Haushofer, Bevölkerungslehre (ANuG Bd. 50).

völker vermehren sich langsam, während der monatelangen Polarnacht findet Paarung kaum statt.

Domestikation von Tieren erhöht, wie wir gesehen haben, vielfach die Fruchtbarkeit; sie kann aber durch diese oder vielmehr bei Ersatz der Gewohnheiten der Wildheit durch den seitens des Menschen ausgeübten Zwang vermindert, ja die Fortpflanzung ganz verhindert werden, wie wir zu unserem Leidwesen es oft genug in den zoologischen Gärten sehen. Der Elefant pflanzt sich in Indien, wo er zu den verschiedensten Arbeiten verwendet wird, in der Gefangenschaft fast nie fort, wohl aber in der Wildheit.

Von der Periodizität der Sexualfunktion ist früher ausführlich die Rede gewesen und dabei von der Bedeutung der Jahreszeiten, von der Geschlechtsjahreszeit die Rede gewesen. Beim Menschen sind im allgemeinen die Monate Mai und Dezember die Zeiten, zu denen die meisten Empfängnisse stattfinden; für den September sind die Zahlen am niedrigsten.

Eine wichtige Rolle spielt natürlich der physiologische Faktor des Alters der Zeugenden. Nach Ewart brüten ganz junge Taubenpaare aus den allerersten Eiern selten Junge aus. Ist der eine Partner älter, so ist es wohl der Fall. Die Bärin wirft zuerst ein Junges, dann meist zwei, zuletzt wieder eines. Ein junges Hamsterweibchen wirft 3 bis 6, ein älteres 8 bis 16 Junge. Auch Geburten menschlicher Drillinge und Vierlinge kommen fast nur bei Frauen vor, die über 30 Jahre alt sind (Burdach).

Bei der Frau erreichen die Eierstöcke ihre vollständige Reife im 21. bis 22. Lebensjahre. Die Fruchtbarkeit erhält sich dann auf der Höhe bis Mitte der dreißiger Jahre, um von da bis zum Eintritt der Menopause langsam abzusinken.

Nach Duncan werden von je 100 Frauen, die sich verheiraten, Mutter

bei Heirat im Alter von Jahren	im ersten Ehejahre	im zweiten Ehejahre
15—20	13,71	43,70
20—25	18,18	90,51
25—30	12,14	75,80
30—35	11,44	62,93
35—40	9,27	40,97

Natürlich hat auch das Alter des Mannes Einfluß auf die Fruchtbarkeit. Im dritten Jahrzehnt ist auch hier die Zeugungsfähigkeit auf der Höhe, im vierten und weiter hin nimmt sie allmählich ab. Nach Koeroesi soll eine Frau von 18 Jahren die größte Fruchtbarkeit haben mit einem Manne von 25 Jahren, eine Frau im Alter von 25 bis 30 Jahren mit einem Manne von 28 Jahren und eine Frau von 35 Jahren mit einem Manne von 29 Jahren. Allzu große Jugendlichkeit wie zu hohes Alter beeinträchtigt bei beiden Geschlechtern die Fruchtbarkeit und die Lebensfähigkeit und Gesundheit der Nachkommen.

Hinsichtlich der Lebenskraft der Neugeborenen scheint der Einfluß der Mutter größer zu sein als derjenige des Vaters. Bei einer größeren Geburtenzahl ist am größten die Lebensdauer der Sprößlinge der zweiten und dritten Schwangerschaft, geringer diejenigen der ersten, vierten, fünften und weiteren. Nach der sechsten Schwangerschaft werden die Nachkommen noch lebensschwächer als diejenigen selbst der ersten, bei der jedenfalls auch die Schwierigkeiten des Gebäraktes selbst mit eine Rolle spielen.

Man hat geistiger *Anstrengung*, erhöhter Gehirntätigkeit einen nachteiligen Einfluß auf die individuelle Fruchtbarkeit zuschreiben wollen. Bei der manchmal wenig zahlreichen und minderwertigen Nachkommenschaft „großer Männer" mögen aber doch andere Momente mitgewirkt haben.

Sicher ist, daß hierher das *Zueinanderpassen der Individuen* gehört — körperliches und geistiges. Absolute Unfruchtbarkeit durch reines „Nichtzusammenpassen" der Keime dürfte aber viel seltener sein, als es noch vielfach geglaubt wird. Eine schädliche Wirkung auf die Fruchtbarkeit wie auch auf die Qualität der Nachkommen wird allgemein der *Inzucht* zugeschrieben, d. h. der Zeugung zwischen nahe verwandten Individuen; handelt es sich um nächste Blutsverwandte, was ja beim Menschen Sitte und Gesetz seit Urzeiten verbietet, so unterscheidet man im besonderen die „Inzestzucht". Daß diese bei Tieren schädigend wirkt, lehrt die Erfahrung der Tierzüchter, die im übrigen die Unschädlichkeit der Inzucht im *weiteren* Sinne beweist, wie sie zur Erhaltung reiner Rassen bei Hunden, Pferden usw. ja vielfach bewußt ausgeübt wird. Daß sie im großen und ganzen auch beim Menschen für sich allein nicht zur Entartung von Rassen und Völkern zu führen braucht, lehren viele Erfahrungen, wie beim Adel in vielen Ländern, die säkulare Reinerhaltung der jüdischen Rasse u. a. m. Daß anderseits *Verwandtenehen mancherlei Erkrankungen begünstigen*, scheint ziemlich festzustehen. Indessen ist die Beurteilung nicht so leicht, wie es scheinen möchte. *Irrtümer* erhalten sich gerade auf diesem Gebiete lange und hartnäckig, so das Märchen von der Unfruchtbarkeit der durch Kreuzung verschiedener Rassen erhaltenen Mischlinge. Die aus Indianern und Weißen gemischte Bevölkerung in Paraguay übertrifft an Fruchtbarkeit die beiden Rassen, aus denen sie hervorgegangen ist. Die südafrikanischen Bastarde, Mischlinge von Holländern und Hottentotten, haben, wenn sie unter sich heiraten, drei bis vier Kinder, bei Kreuzung mit reinen Hottentotten oder reinen Weißen sind sie noch fruchtbarer.

Wenn das alles Wirkungen körperlicher und mehr individueller Einflüsse sind, so ist praktisch die Wirkung kollektiver, sozialer und, da der Mensch in ganz besonderem Maße ein geselliges und staatbildendes Tier ist, politischer Einflüsse ganz besonders groß. Der Mensch ist der „Hirnspezialist" unter den Tieren; so wird sein Geschlechtsleben, seine Fruchtbarkeit nicht nur durch reines Triebleben, sondern durch Wirkungen auf die Intelligenz, durch mehr oder weniger Nachdenken, durch Suggestion und Anregung zum Selbstnachdenken und Erfinden beeinflußt. So hat von Uranfang die Form, in welcher beim Menschen geschlechtliche Paarung und Zeugung stattfindet, vielfach gewechselt und sich verwickelt. Familie und Staatenbildung, Ausbildung des Privateigentums und der Erbfolge, alle Lebenskultur hängt in letzter Linie mit den Geschlechtsfunktionen zusammen. Schon bei Tieren der Wildnis unterscheiden wir als Formen der Paarung die Promiskuität — die Ausübung des Geschlechtsakts nach zufälligem Zusammentreffen — von dem dauernden Zusammenleben von Individuen der beiden Geschlechter, das monogam sein kann, wie bei vielen nestbauenden Vögeln, oder polygam, wie bei Hühnervölkern; die Staatenbildung bei den Bienen entspricht, wie schon früher erwähnt, einer einzigen Familie, bei der die Führung dem einzig vorhandenen ausgebildeten Weibchen überlassen ist.

Beim primitiven Menschen und bei manchen tiefstehenden Völkerschaften noch jetzt bildet Promiskuität die vorwiegende Form des Geschlechtsverkehrs — mit mehr oder weniger Gewaltanwendung, d. h. Raub der Weiber und Kampf um dieselben. Wo mit dem Fortschreiten der Kultur das dauernde, durch die Gewohnheitssitte und kultische Gebräuche festgesetzte Geschlechtsverhältnis der Ehe an ihre Stelle tritt, da erhält sich noch vielfach in den Gebräuchen die Erinnerung des Weiberraubs, der aus einer Siedelung oder Hütte in die andere stattfand, aus einem Stamm zum andern, während innerhalb desselben

Stammes Promiskuität geherrscht hatte, d. h. alle Weiber waren Eigentum aller Männer. Statt dessen bleibt bei der Ehe das Weib dauernd an einen Mann gebunden — Monogamie —; mit den Sprößlingen dieser Verbindung erwächst die Familie, die Grundlage aller Kultureinrichtungen des Menschen, insbesondere des Privateigentums. Im allerprimitivsten Zustande, wo Jagd, Fischerei und Raub den Unterhalt bestritten, das Erbeutete sofort verzehrt wurde, konnte davon noch nicht die Rede sein; erst die Zähmung von Tieren, die Haltung von Viehherden, wenn auch in nomadischem, die Weide ständig wechselndem Leben, führt zum Privat- oder wenigstens Stammeseigentum. Es beginnt der Tauschverkehr; das Vieh (pecunia) wird zum Zahlungsmittel; mit dem Ackerbau, der sich zur Viehzucht gesellt und den Menschen seßhaft werden läßt, erstreckt sich das Eigentum auf den Boden, die Ackergeräte usw. Mit der Respektierung des Privateigentums und der Bildung der (monogamischen) Familie verbinden sich mit der Eheschließung Gebräuche, welche die Eigentumsübergabe betreffen — sei es, daß der Mann das Weib erkauft, ihren Angehörigen für das Geraubte Entschädigung zahlt, sei es, daß diese dem Weibe Eigentum in die Ehe mitgeben, oder der Mann solches tun muß. Die Sitte, daß das Eigentum der Eltern auf die Nachkommen übergeht, die Eigentumsvererbung, trägt dann weiter zur Festigung der Familien- und Staatsverbände und zur Förderung der Gesittung, der Ausbildung von Rechtsverhältnissen bei. Vielweiberei innerhalb von Staat und Familie, sei es mit ausdrücklicher Unterscheidung von Haupt- und Nebenfrauen, sei es mit nicht offiziellem Favoritinnenwesen, erscheint im wesentlichen als Folge eines Weiberüberschusses, besonderer kultischer Anschauungen o. ä. und bleibt meistens ein Luxuszustand, den sich nur Männer besonders gestellter und bemittelter Klassen leisten können.

Neben allen diesen, durch den Gebrauch geordneten Formen geschlechtlicher Betätigung, welchen die Voraussetzung gemeinsam ist, daß dem Menschen ihr natürlicher Zweck, nämlich die Fortpflanzung des Menschengeschlechts, bewußt geworden ist, liegt es in der Natur des Geschlechtstriebes, besonders beim Manne, begründet, daß seine Befriedigung auch noch außerdem in mehr gelegentlicher und regelloser Form stattfindet, sei es durch Überredung des einzelnen Weibes, sei es durch Entschädigung desselben für jeden einzelnen Fall durch Geschenk oder Bezahlung. Sobald weibliche Individuen dafür sich vielen

Männern abwechselnd hingeben, haben wir die Prostitution vor uns, eine viel umstrittene Einrichtung des menschlichen geschlechtlichen und sozialen Lebens, von der wir annehmen müssen, daß auch sie sich aus dem ursprünglicheren Zustande der Promiskuität in ununterbrochener Folge entwickelt hat. Nachdem als eine ihrer frühesten Formen die Verbindung mit religiösen Akten, den Kulten der Liebes- und Fruchtbarkeitsgottheiten feststeht, wundert es nicht, daß von der menschlichen Gesellschaft die Prostitution, wenn auch gegenüber der Ehe stets mehr oder weniger zurückgesetzt, ja verachtet, immer wieder geduldet, ja eingeordnet und geregelt worden ist. Ihre Formen sind stets mehr oder weniger fließend und veränderlich gewesen, mit allen Übergängen von der „freien Liebe" und „Galanterie" bis zur eigentlichen „geheimen" und „öffentlichen Prostitution", deren Wesen die Gesetzgeber in bekannter Weise zu definieren gesucht haben durch das „iussu corpore questum facere", das „sine delectu, pecunia accepta".

Ausdehnung, Umfang, Form, soziale Stellung ihrer Trägerinnen, Bedeutung für das gesamte Privat- und öffentliche Leben eines Volkes hat sich bei der Prostitution stets nach den gesamten Lebensbedingungen gerichtet: wie wir Physisches und Psychisches im allgemeinen nicht trennen können, sondern nur als zwei Erscheinungs- oder besser Betrachtungsformen derselben Vorgänge ansehen müssen, so ist „Sittliches", Moralisches, von dem Materiellen, von den Lebensbedingungen, dem Klima, der Ernährung, der Wohn- und Produktionsart, der Bevölkerungsdichtigkeit und Verkehrsintensität der Völker nicht zu trennen. Wenn man über Sinken der öffentlichen und privaten Sittlichkeit, insbesondere in geschlechtlichen Dingen, jetzt klagt und frühere Klagen liest, die oft vor Jahrhunderten und Jahrtausenden den unsrigen fast wörtlich gleich lauteten, so wird der Biologe nicht vergessen, daß „Sittlichkeit" nichts Absolutes, „Sitte" die Gesamtheit durch lange Dauer festgestellter Gebräuche bedeutet und die Ethik nichts Übersinnliches, sondern ein Produkt menschlichen Empfindens darstellt. Der klassisch und historisch Gebildete kennt die Zustände der Blütezeiten früherer Kulturen, die allgemeine sittliche und speziell geschlechtliche Verkommenheit eines Sodom und Gomorrha, Korinths, der römischen Kaiserzeit, des Dreißigjährigen Kriegs und der Blüteperioden französischer Kultur. Welche Rolle dabei die Prostitution spielte, kann jeder in den nur zu vielen Schriften und Büchern nachlesen, die gerade in der neuesten Zeit diesen Dingen gewidmet wurden.

Aber worüber man jetzt mehr als in früheren Zeiten genauer nachzudenken begonnen hat, das ist die Frage, welche Rolle die hier in Rede stehenden Erscheinungen für die Geschichte der menschlichen Bevölkerungsbewegung gespielt haben, und welche Rolle sie jetzt und in Zukunft für die weitere Gestaltung der Schicksale des Menschengeschlechts zu spielen berufen sind. Wenn es auch nicht an allgemeingefärbten Aussprüchen und mehr oder weniger bestimmten Ahnungen von der Bibel bis zum vorigen Jahrhundert gefehlt hat, so ist es doch erst moderner biologischer Forschung und Überlegung und medizinischer Wissenschaft im Verein mit der früher nie gekannten Ausbildung der so nötigen und so schwer zu beherrschenden Dienerin derselben, der Statistik, vorbehalten geblieben, der Menschheit die Augen zu öffnen, ein neues „Erkenne dich selbst!" ihr zuzurufen.

Der Biologe wird sich zunächst bemühen müssen, unabhängig von rein ethischen Gesichtspunkten die Bedeutung der „sexuellen Fragen" für den Bestand und das fernere Schicksal der einzelnen Völker wie der Menschheit im ganzen zu untersuchen: außer der Bedeutung der Prostitution und von ihr nicht zu trennen, gehören hierher die Geschlechtskrankheiten und die willkürliche Zeugungsverhinderung.

Zu den mancherlei Faktoren, welche die Fruchtbarkeit lebender Wesen beeinflussen können, gehören natürlich Krankheiten. Seuchen, die viele Einzelwesen töten und diejenigen, die die Krankheit überstehen, so schwächen, daß ihre Zeugungsfähigkeit vermindert oder ganz aufgehoben wird, können eine Tierart oder eine Menschenrasse geradezu binnen kurzer Zeit zum Aussterben bringen. „Endemische" Krankheiten können der Bevölkerungszunahme ebenso hinderlich werden wie chronische Vergiftungen. Zwar wird Tuberkulösen bis in späte Stadien ein vermehrter Geschlechtstrieb nachgesagt; indessen ist die Nachkommenschaft geschwächt und vielleicht tödlicher Ansteckung mit den überall vorhandenen Tuberkelbazillen ganz besonders ausgesetzt. Der Alkoholismus ist schon an und für sich von großer Gefahr nicht sowohl für die Zahl als vielmehr für die Beschaffenheit der Nachkommenschaft, die besonders von Nerven- und Geisteskrankheiten über die Maßen heimgesucht wird. Durch Tuberkulose und Alkohol zusammen sind die Indianer Nordamerikas in weniger als zwei Jahrhunderten so gut wie ausgetilgt worden.

Eine eigentlich weniger ihnen biologisch zukommende als vom subjektiv menschlichen Gesichtspunkte ihnen zugedachte Stellung unter den Infektionskrankheiten, deren Erreger wir als die eigentlichen Geißeln der Menschheit kennen gelernt haben und allmählich wirksam zu bekämpfen beginnen, nehmen die Geschlechtskrankheiten ein. Es sind ansteckende Erkrankungen der Geschlechtsorgane, die sich mehr oder weniger auf andere Organe des Körpers verbreiten und Tod und Siechtum veranlassen können.[1]) Ihre Erreger sind verwandt mit denjenigen anderer Krankheiten, die vielfach weniger im Brennpunkt des derzeitigen Interesses stehen, aber auch verhältnismäßig leichter zu bekämpfen sind, weil sie nicht, wie die ansteckenden Geschlechtskrankheiten, durch den Geschlechtsakt von einem Individuum zum anderen übertragen werden. Hierin liegt ihre Gefährlichkeit; denn die fortschreitende Kultur, ganz besonders aber die Gestaltung der Ethik durch bestimmte Religionen hat das Gefühl im Menschen erzeugt, alles Geschlechtliche, schon den Anblick der Geschlechtsteile, weiterhin ihre Funktionen, zusammen mit den Ausscheidungen, vor seinesgleichen und der Öffentlichkeit soweit als möglich verstecken zu müssen. Die Scham und Züchtigkeit des Menschen, insbesondere die Bewahrung der Kinder vor zu frühzeitiger Bekanntschaft mit geschlechtlichen Dingen hat sich nun in der Tat als Vorbedingung und nötiges Werkzeug höherer sittlicher Entwicklung erwiesen.[2]) Anderseits hat sie, besonders in ihrer unvermeidlich gewesenen Anspannung und Übertreibung dazu geführt, daß die geschlechtlichen Erkrankungen verheimlicht und dadurch ihrer Verbreitung Vorschub geleistet, ihre rechtzeitige ärztliche Behandlung verhindert oder verzögert wurde. So haben sie durch Jahrhunderte zweifelsohne äußerst verderbliche Folgen nicht nur für die Volksgesundheit, sondern auch für die Volksvermehrung und die Qualität der Nachkommenschaft gehabt. Denn wir wissen jetzt, daß der Tripper sowohl im männlichen als auch im weiblichen Zeugungsapparat solche Zerstörungen hinterlassen kann, daß dadurch völlig Unfruchtbarkeit oder (beim Weibe) Eintritt derselben nach der Geburt des ersten Kindes erzeugt wird. Wir wissen, daß die Syphilis die Fehlgeburt begünstigt, daß ihre Übertragung auf die Nachkommenschaft diese siech und minderwertig macht, von den

1) Näheres siehe Schumburg, Geschlechtskrankheiten (ANuG Bd. 251).
2) Näheres siehe in Timerding, Sexualethik (ANuG Bd. 592).

übrigen schrecklichen Folgen ganz abgesehen, unter denen die jetzt als Form der Nervensyphilis sichergestellte Tabes (Rückenmarkschwindsucht) und progressive Paralyse (sog. Gehirnerweichung) an erster Stelle stehen, welche unter anderem in ihrem Verlaufe auch die Zeugungsfähigkeit herabsetzen und vernichten. Der Transportweg, auf welchem diese beiden Geißeln der Menschheit und Bedroher ihrer Fortpflanzung (besser gesagt ihre Erreger, der Gonokokkus und die Spirochaete pallida) übertragen werden, ist in erster Linie der *außereheliche* Geschlechtsverkehr, durch welchen sie mittelbar natürlich auch in die Ehen eingeführt werden. Die eigentliche Trägerin der ansteckenden Geschlechtskrankheiten ist somit die Prostitution in weiterem Sinne: man hat darüber gestritten, was gefährlicher sei, die öffentliche, polizeilich überwachte und dauernd gesundheitlich untersuchte, oder die heimliche, und man ist noch heute über den Nutzen der Reglementierung und Kasernierung verschiedener Meinung: vorläufig bleibt die Tatsache bestehen, daß die zweifellos im eigentlichen Sinne Prostituierte selbst von den Geschlechtskrankheiten kaum verschont bleibt und dieselben meist schon in jugendlichem Alter erwirbt: so befiel die Syphilis von Pariser Prostituierten (zitiert nach *Blaschko*):

bis zum 16. Lebensjahre	....	5,3 Prozent
im 17. bis 19. „	....	48 „
„ 20. „ 22. „	....	28,4 „
„ 23. „ 32. „	....	17,9 „ der Infizierten.

Die Prostituierten haben Gelegenheit, die Geschlechtskrankheiten auf eine größere Anzahl von Männern zu übertragen, die sie dann ihrerseits weitertragen. Mehr als von allen polizeilichen und sonstigen Zwangsmaßregeln wird für die Eindämmung der Geschlechtskrankheiten und ihrer traurigen Folgen für die Bevölkerungsvermehrung und Volksgesundheit erwartet von der *Aufklärung* — nicht sowohl von der sog. moralischen als von der *gesundheitlichen*, die die persönliche Vorbeugung verbreiten hilft und ganz besonders es erreichen soll, daß alle *Erkrankten sofort sich in wirksamer Weise vom sachverständigen Arzt* und nicht etwa *vom Kurpfuscher behandeln lassen*, und daß sie von der *Gefahr der Übertragung ihres Leidens die richtige Vorstellung bekommen* und *alles, was dieselbe bewirken könnte, unterlassen*. Daß die Vervollkommnung der Heilmethoden berufen ist, zu diesem Wege der Eindämmung durch Quellenverstopfung wesentlich beizutragen, ist sicher.

Für die Fruchtbarkeit eines Volkes von allergrößter Bedeutung ist ferner die Fähigkeit oder der Wille des Menschen, bis zu einem gewissen Grade die Geburtenziffer zu beeinflussen. Wo diese die Sterblichkeitsziffer übertrifft, da wird die Bevölkerungszahl zunehmen, wo beide Zahlen gleich sind, bleibt der Stand derselbe, wo die Zahl der Todesfälle größer ist als diejenige der Geburten, da nimmt die Bevölkerungsziffer ab. Willkürlich beeinflußt werden kann die Geburtenziffer durch geschlechtliche Enthaltsamkeit, durch Mittel zur Vorbeugung der Empfängnis und auch absichtliche Zerstörung der Leibesfrucht, nicht zu reden von der schon erwähnten Kastrierung, die selbst von unkultivierten Völkern von jeher zu bestimmten Zwecken: beim Manne, um Haremswächter zu haben, beim Weibe bewußt zur Geburtverhinderung, geübt worden ist, resp. wird. Auch gelegentliche Herstellung künstlicher Hypospadie (S. 45) bei Knaben gehört hierher.

Die absichtliche Zerstörung der Leibesfrucht mit ihren oft verderblichen Folgen für das Leben der Mütter ist in allen Kulturstaaten unter harte Strafe gestellt; wie verbreitet sie dennoch ist, davon kann man neuerdings wieder manches lesen. Die Anwendung der Vorbeugungsmittel kann selbstverständlich nicht bestraft werden, insofern das Zeugungsgeschäft rechtlich Privatsache ist und bleiben wird. Die neuerdings aufkommenden Bestrebungen, ihrer Verbreitung durch Gesetzesmaßnahmen schärfer entgegenzutreten, haben unter anderem das Bedenkliche an sich, daß die wirksamsten Präventivmittel zugleich die wirksamsten Mittel zur persönlichen Verhütung der geschlechtlichen Ansteckung sind, somit ihre Bekämpfung die Verbreitung der Geschlechtskrankheiten fördern kann, die ihrerseits wieder, wie wir gesehen haben, die Bevölkerungszunahme verhindern. Es ist nun aber ferner nicht zu vergessen, daß die Bestrebungen zur Verhinderung der Empfängnis und sonstigen Einschränkung der Geburtenziffer vielfach durch wirtschaftliche Faktoren bedingt sind, — dieselben, die auch die späte Heirat, das Ledigbleiben vieler Frauen und deren Zudrang zu männlichen Berufen, endlich die Vermehrung der Prostitution und der freien Verbindungen begünstigen.

Es sind das eben die moderne, gegen früher ganz veränderte Produktionsweise, der gesteigerte Verkehr, die Landflucht, Zusammendrängung der Bevölkerung in den Städten und Industrialisierung derselben, die Teuerung der Lebensbedürfnisse einerseits und Steigerung der allgemeinen Ansprüche an Lebensweise und Bequemlichkeit auf der andern Seite, — vermehrte „wissenschaftliche Aufklärung", politische Beeinflussung und Abkehrung von der Religion, die weiteste Volksschichten betrifft. Für den Biologen, der unparteilich forscht, sind das alles gegebene Faktoren. Es darf dabei nicht vergessen werden, daß auch bei sinkender Geburtsziffer Zunahme der Bevölkerung eintritt, wenn die Sterbeziffer ebenfalls sinkt, und zwar, wie es bei uns der Fall ist, in noch stärkerem Maße, als die Geburtenziffer sinkt. Insbesondere die Maßregeln zur Verminderung der Säuglingssterblichkeit spielen hier eine große Rolle, wie überhaupt alle Maßregeln zur Seuchenbekämpfung und allgemeinen Hebung der Volksgesundheit.

Anderseits hat man vielfach der modernen Hygiene, auch der operativen Medizin und Orthopädie vorgeworfen, daß sie Schwächlinge schone und zur Fortpflanzung zulasse, die in früheren Zeiten von der Natur ausgemerzt wurden.

Wir kommen damit zu einigen Bemerkungen über ein Gebiet praktischer Anwendung sexualbiologischer Wissenschaft, welches wir kurz kennzeichnen können, wenn wir betonen, daß für die Lebenskraft und Wohlfahrt eines Volkes wie der ganzen Menschheit es durchaus nicht genügt, daß möglichste Vermehrung der Zahl der Individuen eintritt (ohne hierbei auf Malthus' Lehre und seine Nachfolgerschaft eingehen zu wollen), sondern auch nötig ist, daß die Individuen möglichst gesund, kräftig, körperlich und geistig leistungsfähig seien. Die Kunst oder Wissenschaft, darauf hinzuarbeiten, wird als „Eugenik" neuerdings sehr viel im Munde geführt. Es kann indessen kaum geleugnet werden, daß es sich gerade hier um ein Gebiet der Reformtätigkeit handelt, dessen Wege großenteils sehr umstritten sind, und dessen sichtbare Erfolge in weiter Ferne liegen. Gerade der gegenwärtige große Krieg, welcher innerhalb der europäischen Kulturländer geradezu unzählige der kräftigsten, leistungsfähigsten und zur Zeugung gesunder, kräftiger und leistungsfähiger Nachkommenschaft geeigneter Männer dahinmordet, dürfte in dieser Richtung nachdenklich stimmen. Daß hier keine „Auslese" im Sinne Darwins statthat, scheint für die einzelnen Individuen sicher; ob es sich nicht doch vielmehr um eine Erscheinung des Niedergangs und schließlichen Verschwindens von Volksstämmen handelt, die lebenskräftigeren und zukunftsreicheren Platz machen, ist eine andere Frage. Vom Standpunkte unserer Gegner, welche wohl aus eigener Eitelkeit und Herrschsucht den letzten Krieg als einen Kampf um die Weltherrschaft auffaßten und sich nicht vorstellen konnten oder wollten, daß für ein friedliches Nebeneinander mehrerer hochkultivierter, zahlreicher Völker auf der Erde Platz sein soll, hätten wir vielleicht besonders das Recht, sie bejahend zu beantworten: hier drängt sich aber gerade die vielfach gestellte anthropologische Frage auf, warum keines der bisher in der menschlichen Kulturgeschichte aufgetretenen großen Reiche („Weltreiche") dauernden Bestand gehabt hat, vielmehr nach einigen Jahrhunderten regelmäßig zerfiel. Die historische Betrachtung zeigt da als hauptsächlichen Faktor, daß individuelle oder Gruppeninteressen regelmäßig über diejenigen der Gesamtheit, über das Zusammengehörigkeitsbewußtsein den Sieg davontrugen und äußeren, auch an Zahl wie an Kultur weit unterlegenen Gegnern die Überwindung und Zerstückelung erleichterten. Dieser Gegensatz des „Individualismus" und der staatlichen Organisation bildet auch das Haupthindernis der eugenischen Bestrebungen. Es ist allerdings bezeichnend, daß gerade in demjenigen Lande, in welchem von höchster Bewertung individueller Freiheit am lautesten gepredigt und unser deutsches Vaterland als abschreckendes Beispiel polizeilicher Bevormundung verschrieen wurde, nämlich den Vereinigten Staaten Amerikas, von ärztlicher und volkswirtschaftlicher Seite einschneidende staatliche Maßregeln eugenischer Art besonders eindringlich empfohlen wurden und sogar mit ihrer praktischen Einführung der erste Anfang gemacht worden ist. Hierher gehört die Verhinderung der Fortpflanzung von Verbrechern und Geisteskranken durch staatlichen Zwang, hierher das gesetzlich verlangte Gesundheitszeugnis der Partner bei der Eheschließung. Es kann keine Frage sein, daß in solcher Richtung Aufklärung und Volksbildung allein nicht die Macht besitzen können, gegenwärtiges und künftiges Unheil, Erkrankung und Entartung zu verhindern, selbst wenn die Fachwelt über die Bedeutung der einzelnen Faktoren und den Mechanismus der Vererbung weit vollständiger unterrichtet sein wird als bei dem jetzigen Stande unserer Kenntnisse. Ohne staatlichen Zwang ist hier, wie z. B. die Geschichte der Pocken und der Schutzimpfung lehrt, wenig zu erreichen. Solcher Zwang wird um so weniger lästig empfunden, ja er wird zur selbstverständlichen Gewohnheit und guten Sitte um so mehr, je stärker ein Volk zum Gemeinsinn, zum Bewußtsein des Staatsbürgertums erzogen ist. Nur von der Vervollkommnung staatlicher Organisation ist Erfolg eugenischer Bestrebungen zu erwarten, und nachdem der

Krieg leider zu unseren Ungunsten ausgegangen ist, nachdem eine Überflutung Deutschlands mit Angehörigen fremder Völker eingesetzt hat, wie wir sie kaum je erträumten, erwachsen zukünftigen eugenischen Bestrebungen noch durch die wirtschaftliche Not ungeheuere Schwierigkeiten. Trotzdem darf unser guter Wille auf diesem Gebiet nicht erlahmen und muß sich den Eifer zum Beispiel nehmen, mit dem jetzt in Nordamerika diese Richtung praktisch gepflegt wird.

Literatur.

Es kann hier nur flüchtig auf einige gediegenere Bücher und Monographien auf dem unübersehbaren Gebiet der sexualwissenschaftlichen Literatur hingewiesen werden, in denen der auf tieferes Eindringen bedachte Leser Angaben über speziellere Werke und Arbeiten finden wird:

1. Nagels Handbuch der Physiologie des Menschen, Braunschweig bei Vieweg u. Sohn. Physiologie der Zeugung, bearbeitet von Nagel und Sellheim, im 2. Bande, 1905.
2. F. H. A. Marshall, The Physiology of Reproduction, London, Longman & Green, 1910.
3. Robert Müller, Sexualbiologie. Berlin, L. Marcus, 1907. (Vergleichend, vom Standpunkt des Tierzüchters.)
4. Iwan Bloch, Das Geschlechtsleben unserer Zeit. Berlin, L. Marcus. (Bekanntes Übersichtswerk.)
5. A. Biedl, Innere Sekretion. 3. Aufl. Berlin und Wien, Urban und Schwarzenberg, 1916.
6. Tandler und Groß, Die sekundären Geschlechtscharaktere, Wien 1913.
7. Endlich auf die bekannten, oft aufgelegten Bücher von Ploß, Das Weib; Das Kind usw.
8. Die wichtigen Arbeiten von E. Steinach finden sich in Pflügers Archiv f. die ges. Physiologie, Bd. 144 S. 121 sowie im Archiv f. Entwicklungsmechanik der Organismen, Bd. 42 S. 307, 490; sein Buch: Verjüngung durch experimentelle Neubelebung der alternden Pubertätsdrüse. Berlin, J. Springer, 1923.

Quellenverzeichnis der Abbildungen.

Abb. 1 aus Sedgwick und Wilson, Einführung in die allg. Biologie. Leipzig 1913, B. G. Teubner. Abb. 101 S. 214. Nach F. E. Schulze.
= 2 ebenda, Abb. 108 S. 226. Nach Lang.
= 3 aus Kraepelin, Einführung in die Biologie, 2. Aufl. Leipzig 1909, B. G. Teubner. Abb. 111 S. 139.
= 4 ebenda, Abb. 113 S. 140.
= 5 = = 112 S. 140.
= 6 = = 115 S. 141.
= 7 = = 164 S. 181.
= 8 = = 116 S. 142.
= 9 und 10 ebenda, Abb. 79 und 80 S. 106.
= 11 ebenda, Abb. 69 S. 100.
= 13 aus Rauber und Kopsch, Lehrbuch der Anatomie des Menschen, IV. Abteilung, 7. Aufl. Abb. 325.
= 14 und 15 ebenda, Abb. 315 und 316.
= 16 ebenda, 10. Aufl. Abb. 311.
= 17, 18a u. b, 19 ebenda, 7. Aufl. Abb. 305, 306, 309, 340.
= 20 aus R. Goldschmidt, Die Fortpflanzung der Tiere (ANuG Bd. 253). Abb. 12 S. 15. Nach Weismann.
= 21 und 22 aus O. Hertwig, Lehrbuch der Entwicklungsgeschichte, 7. Aufl. Jena 1902, Fischer. Abb. 25 und 26 S. 40 und 41.
= 23 aus Sedgwick und Wilson (s. oben). Abb. 14 S. 31. Nach Hesse.
= 24 = Kraepelin (s. oben). Abb. 176 S. 189.
= 25 = O. Hertwig (s. oben). Abb. 70a, b, c S. 97.
= 29 ebenda, Abb. 130, 131 S. 442.
= 30 nach einer Tafel zu einer Arbeit von L. Pick im Archiv f. mikroskop. Anatomie 1912.
= 31 und 32a und b aus Neugebauer, Hermaphroditismus. Leipzig 1908, Klinkhardt. Abb. 114, 210, 211.
= 33 bis 39 nach den Tafeln zu einer Arbeit von E. Steinach in Pflügers Archiv f. d. ges. Physiologie Bd. 144.

Alphabetisches Register.

Die angegebenen Preise
sind **Grundpreise**, die gegenwärtig (**November 1922**), den jetzigen Herstellungs- und allgemeinen Unkosten entsprechend, mit der Teuerungsziffer 100 zu vervielfältigen sind.

Teubners kleine Fachwörterbücher

geben rasch und zuverlässig Auskunft auf jedem Spezialgebiete und lassen sich je nach den Interessen und den Mitteln des einzelnen nach und nach zu einer Enzyklopädie aller Wissenszweige erweitern.

„Mit diesen kleinen Fachwörterbüchern hat der Verlag Teubner wieder einen sehr glücklichen Griff getan. Sie ersetzen tatsächlich für ihre Sondergebiete ein Konversationslexikon und werden gewiß großen Anklang finden.“ [Die Warte.]

„Wer ist jetzt in der Lage, teuere Nachschlagebücher zu kaufen? Wie viele aus den Reihen der Volkshochschulbesucher verlangen nach Handreichungen, die das Studium der Natur- und Geisteswissenschaften ermöglichen. Die Erklärungen sind sachlich zutreffend und so kurz als möglich gegeben, das Sprachliche ist gründlich erfaßt, das Wesentliche berücksichtigt. Die Bücher sind eine glückliche Ergänzung der Bändchen „Aus Natur und Geisteswelt“ des gleichen Verlags. Selbstverständlich ist dem neuesten Stande der Wissenschaft Rechnung getragen.“ [Pädagog. Arbeitsgemeinschaft.]

„Diese handlichen Nachschlagebücher bieten nach Form und Inhalt Vorzügliches und werden sich, wie zu erwarten steht, in unseren Volksbüchereien schnell einbürgern.“ (Blätter für Volksbibliotheken.)

Bisher erschienen:

Philosophisches Wörterbuch. 3. Aufl. V. Studienrat Dr. P. Thormeyer. (Bd. 4.) M. 4.—

Psychologisches Wörterbuch von Dr. Fritz Giese. Mit 60 Fig. (Bd. 7.) M. 3.50

Wörterbuch zur deutschen Literatur von Studienrat Dr. H. Röhl. (Bd. 14.) M. 4.—

***Musikalisches Wörterbuch** von Privatdoz. Dr. J. H. Moser. (Bd. 12.)

***Wörterbuch zur Kunstgeschichte** von Dr. H. Vollmer.

Physikalisches Wörterbuch von Prof. Dr. G. Berndt. Mit 81 Fig. (Bd. 5.) M. 4.—

***Chemisches Wörterbuch** von Privatdozent Dr. H. Remy. (Bd. 10.)

***Astronomisches Wörterbuch** v. Observator Dr. H. Naumann. (Bd. 11.)

Geologisch-mineralogisches Wörterbuch von Dr. C. W. Schmidt. Mit 211 Abb. (Bd. 6.) M. 4.—

Geographisches Wörterbuch von Prof. Dr. O. Kende. I. Allgem. Erdkunde. Mit 81 Abb. (Bd. 8.) M. 4.—. *II. Wörterbuch der Länder- und Wirtschaftskunde. (Bd. 13.)

Zoologisches Wörterbuch von Dir. Dr. Th. Knottnerus-Meyer. (Bd. 2.) M. 3.50

Botanisches Wörterbuch von Dr. O. Gerke. Mit 103 Abb. (Bd. 1.) M. 3.50

Wörterbuch der Warenkunde von Prof. Dr. M. Pietsch. (Bd. 3.) M. 4.—

Handelswörterbuch von Handelsschuldir. Dr. V. Sittel u. Justizrat Dr. M. Strauß. Zugleich fünfsprachiges Wörterbuch, zusammengestellt von V. Armhaus, verpfl. Dolmetscher. (Bd. 9.) M. 4.—

* in Vorbereitung bzw. unter der Presse (1922)

Verlag von B. G. Teubner in Leipzig und Berlin

N XI. 22

Anfragen ist Rückporto beizufügen

Die angegebenen Preise sind Grundpreise, die gegenwärtig (November 1922), den jetzigen Herstellungs- und allgemeinen Unkosten entsprechend, mit der Teuerungsziffer 100 (für Schulbücher, mit * bezeichnet, mit 70) zu vervielfältigen sind.

Europa

Grundzüge der Länderkunde. Band I

Von A. Hettner. 2., gänzl. umg. Aufl. Mit Taf. u. Kärtchen. [U. d. Pr. 1922.]

Der vorliegende I. Band der „Grundzüge der Länderkunde" bietet eine zusammenfassende Darstellung der Länder Europas in ihrer neuen Gestaltung auf wissenschaftlicher, aber gemeinverständlicher Grundlage. – II. Band: **Außereuropäische Erdteile.** [In Vorb. 22.]

Astronomie

Unter Redaktion von J. Hartmann bearbeitet von zahlreichen Fachgelehrten. (Die Kultur der Gegenwart. Teil III, Abt. III, Bd. 3.) M. 20.–, geb. M. 25.–

„Soll ich in kurzen Worten mein Urteil über das Buch zusammenfassen, so möchte ich sagen: Bei völligem Fehlen nutzloser Spekulationen verbindet es eine Übersicht über die gesamte astronomische Forschung mit einer historischen Darstellung des Einflusses der Sternkunde auf das äußere Leben und Weltanschauung aller Kulturstufen." **(Köln. Volksztg.)**

Anthropologie

Unter Redakt. v. G. Schwalbe u. E. Fischer bearb. von zahlr. Fachgelehrten. (Die Kultur der Gegenwart. Teil III, Abt. V.) Geh. ca. M. 20.–, geb. ca. M. 25.–

In dem Werk wird erstmalig ein abgerundetes Bild der Gesamtgebiete der Anthropologie, Völkerkunde und Urgeschichte in streng wissenschaftlicher und zugleich gemeinverständlicher Darstellung aus der Feder bester Kenner geboten.

Astrophysik

3., neubearb. Aufl. von Schreiners Populärer Astrophysik. Von K. Graff. Mit 254 Tafeln und 17 Figuren. Geh. M. 12.–, geb. M. 15.60

Das Werk bietet in der Neuauflage eine auch dem gebildeten Laien zugängliche Einführung in die neuesten außerordentlichen Fortschritte der astrophysikalischen Forschung und entwirft ein vollständiges Bild des Kosmos, der Sonne, der Planeten, der Fixsterne und Nebelflecke, wie es sich darnach darstellt.

Führer durch unsere Vogelwelt

Von B. Hoffmann. 2., verm. u. verb. Aufl. Mit zahlr. Notenbildern, Vogelliedern u. Bildschmuck. Geb. M. 6.80. II. Teil: Vom Bau und Leben des Vogels. [Erscheint rechtzeitig vor Weihnachten 1922.]

Teubners Naturwissenschaftliche Bibliothek

U. a. gehören zur Sammlung: **Große Physiker.** Von Joh. Keferstein. · **Physikalisches Experimentierbuch.** Von H. Rebenstorff. In 2 Teilen. · **Chemisches Experimentierbuch.** Von K. Scheid. In 2 Teilen. · **Geologisches Wanderbuch.** Von K. G. Volk. In 2 Teilen. · **Geographisches Wanderbuch.** Von A. Berg. 2. Aufl. · **Große Biologen.** Von W. May. · **Biologisches Experimentierbuch.** Von C. Schäffer.

Mathematisch-Physikalische Bibliothek

Hrsg. von W. Lietzmann und A. Witting. Jeder Band M. 1.–

Neu erschienen: **Einführung in die Trigonometrie.** Von A. Witting. (Bd. 43.) **Abgekürzte Rechnung.** Von A. Witting. (Bd. 47.) **Funktionen, Schaubilder, Funktionstafeln.** Von A. Witting. (Bd. 48.) **Mathematik und Biologie.** Von M. Schips. (Bd. 42.) **Die mathematischen Grundlagen der Lebensversicherung.** Von H. Schütze. (Bd. 46.) **Atom- und Quantentheorie.** Von P. Kirchberger. (Bd. 44.) Unter der Presse: **Trugschlüsse.** Von W. Lietzmann. (Bd. 50.) **Wie man einstens rechnete.** Von E. Fettweis. (Bd. 49.) **Ebene Geometrie.** Von B. Kerst.

Verlag von B. G. Teubner in Leipzig und Berlin

Anfragen ist Rückporto beizufügen

Preisänderung vorbehalten

Teubners Künstlersteinzeichnungen

Wohlfeile farbige Originalwerke erster deutscher Künstler fürs deutsche Haus

Die Sammlung enthält jetzt über 200 Bilder in d. Größen 100×70 cm (M. 1000.–), 75×55 cm (M. 750.–), 103×41 cm (M. 500.–), 60×50 cm (M. 600.–), 55×42 cm (M. 400.–), 41×30 cm (M. 250.–). Geschmackvolle Rahmung aus eigener Werkstätte.

Neu: Kleine Kunstblätter

18×24 cm je M. 100.–. Liebermann, Im Park. Prenzel, Am Wehr. Hecker, Unter der alten Kastanie und Weihnachtsabend. Treuter, Bei Mondenschein. Weber, Apfelblüte.

Schattenbilder

K. W. Diefenbach „Per aspera ad astra". Album, die 34 Teilb. des vollst. Wandfrieses fortlaufend wiederg. (20½×25 cm) M. 750.–. Teilbilder als Wandfriese (42×80 cm) je M. 300.–, (35×18 cm) je M. 100.–, auch gerahmt in versch. Ausführ. erhältlich.

„Göttliche Jugend". 2 Mappen, mit je 20 Blatt (25½×34 cm) je M. 750.–. Einzelbilder je M. 50.–, auch gerahmt in versch. Ausführ. erhältlich.

Kindermusik. 12 Blätter (25½×34 cm) in Mappe M. 500.–, Einzelblatt M. 50.–.

Gerda Luise Schmidt (20×15 cm) je M. 40.—. Auch gerahmt in verschiedener Ausführung erhältlich. Blumenorakel. Reifenspiel. Der Besuch. Der Liebesbrief. Ein Frühlingsstrauß. Die Freunde. Der Brief an „Ihn". Annäherungsversuch. Am Spinett. Beim Wein. Ein Märchen. Der Geburtstag.

Teubners Künstlerpostkarten

(Ausf. Verzeichnis v. Verlag in Leipzig.) Jede Karte M. 12.–. Reihe von 12 Karten in Umschlag M. 120.–, jede Karte unter Glas mit schwarzer Einfassung u. Schnur eckig oder oval.

Die mit * bezeichneten Reihen auch in feinen ovalen Holzrähmchen eckig oder oval. **Teubners Künstlersteinzeichnungen** in 12 Reihen. **Teubners Künstlerpostkarten nach Gemälden neuerer Meister.** 1. Macco, Maienzeit. 2. Köselitz, Sonnenblick. 3. Buttersack, Sommer im Moor. 4. Hartmann, Sommerweide. 5. Kühn jr., Im weißen Zimmer. In Umschlag M. 60.—. ***Diefenbachs Schattenbilder** in 7 Reihen. Aus dem Kinderleben, 6 Karten nach Bleistiftzeichn. von Hela Peters. 1. Der gute Bruder. 2. Der böse Bruder. 3. Wo drückt der Schuh? 4. Schmeichelkätzchen. 5. Püppchen, aufgepaßt! 6. Große Wäsche. In Umschlag M. 60.—. ***Schattenrißkarten** von Gerda Luise Schmidt: 1. Reihe: Spiel und Tanz, Fest im Garten, Blumenorakel, Die kleine Schäferin, Belauschter Dichter, Rattenfänger von Hameln. 2. Reihe: Die Freunde, Der Besuch, Im Grünen, Reifenspiel, Ein Frühlingsstrauß, Der Liebesbrief. 3. Reihe: Der Brief an „Ihn", Annäherungsversuch, Am Spinett, Beim Wein, Ein Märchen, Der Geburtstag. Jede Reihe in Umschlag M. 60.—

Rudolf Schäfers Bilder nach der Heiligen Schrift

Der barmherzige Samariter (M. 750.–), Jesus der Kinderfreund (M. 600.–), Das Abendmahl (M. 750.–), Hochzeit zu Kana (M. 600.–), Weihnachten (M. 750.–), Die Bergpredigt (M. 600.–), (75×55 bzw. 60×50 cm).

Diese 6 Blätter in Format 23×30 unter dem Titel **Biblische Bilder** in Mappe M. 250.–, als Einzelblatt je M. 50.– (Auch als „Kirchliche Gedenkblätter" und als „Glückwunsch- u. Einladungskarten" erhältlich.)

Karl Bauers Federzeichnungen

Charakterköpfe zur deutschen Geschichte. Mappe. 32 Bl. (28×36 cm) M. 250.—

… M. 18.—

Ar… … M. 100.—

… M. 18.—

Fü… … M. 18.—

… M. 50.—

Ka… … erhältlich

B… …erlin

GPSR Compliance

The European Union's (EU) General Product Safety Regulation (GPSR) is a set of rules that requires consumer products to be safe and our obligations to ensure this.

If you have any concerns about our products, you can contact us on ProductSafety@springernature.com

In case Publisher is established outside the EU, the EU authorized representative is:

Springer Nature Customer Service Center GmbH
Europaplatz 3
69115 Heidelberg, Germany

Batch number: 10815962

Printed by Printforce, the Netherlands